冯慧娟 主编

辽宁美术出版社

图书在版编目（CIP）数据

茶道 / 冯慧娟主编. -- 沈阳 : 辽宁美术出版社，
2017.10
（众阅国学馆）
ISBN 978-7-5314-7786-0

Ⅰ. ①茶… Ⅱ. ①冯… Ⅲ. ①茶文化－中国 Ⅳ.
①TS971.21

中国版本图书馆CIP数据核字（2017）第261661号

出 版 社：辽宁美术出版社
地　　址：沈阳市和平区民族北街29号　邮编：110001
发 行 者：辽宁美术出版社
印 刷 者：北京海德伟业印务有限公司
开　　本：130mm×185mm 1/32
印　　张：5
字　　数：94千字
出版时间：2018年1月第1版
印刷时间：2018年1月第1次印刷
责任编辑：童迎强
装帧设计：彭伟哲
责任校对：郝　刚
ISBN 978-7-5314-7786-0

定 价：25.00元

邮购部电话：024-83833008
E-mail : lnmscbs@163.com
http : //www.lnmscbs.com
图书如有印装质量问题请与出版部联系调换
出版部电话：024-23835227

千百年来，茶道、茶文化显示了一种永恒的生命力，泡茶、喝茶早已成为绝大多数中国人生活中不可或缺的一部分。走亲访友，一杯热茶，一声问候，融入多少人间情、世间味。品茗，即品味人生，在茶香、茶韵中，人们感悟着别样的茶味人生。

茶，是上苍赐给人类的珍物，自古无论家境贫富，身份尊卑，人们一直都在享用它：达官贵人“红泥小炉、娈婉卯童”烹煮的茶香醇精致；妙玉道姑用“梅花上收的雪”泡出来的茶清淳幽然；布衣小民用粗瓷大碗冲的粗茶也甘洌芬芳。“白菜青盐糙米饭，瓦壶天水菊花茶。”如此粗茶淡饭的清贫生活，郑板桥却过得情趣盎然。可见，茶味好坏不在于茶品的优劣，而在于心境的阴晴与进退。

茶如人生。青春年少，一路美景、无忧成长，宛如茉莉花熏过的香片，郁郁菲菲，清香曼妙；人到中年，上下承起、百事忧心，犹如手捧浓酽混沌的普洱，再苦也得一饮而尽，继而振奋精神，应付眼前身后事；行入暮年，世事沧桑、冷暖炎凉，仿佛一壶茶叶梗儿汤，存弃无谓，且随它去。

品茗，即品人生。茶味的丰富层次，让人想到有苦有涩、更有甘甜的事业，也让人想到意犹未尽、回味绵长的友情；水与茶的冲撞和交融，更让人想到轰轰烈烈的爱情，以及磨合之后和谐婚姻的那份美好。茶的香郁需要沸水的冲击与浸融才能吐放，正如人生也要历经世情冷暖和浮浮沉沉后才能坦然、宁静。

时下、世下，人生皆忙。为名忙，为利忙，为变幻无常而忙。那么，忙里偷闲吧，且喝一杯茶去！让心被茶香包裹，被茶味浸染。只要“茶心”长存，纵然被无常缠裹，人生也好似前番有梅及橄榄在口中咀嚼，后时再润口自己的茶，自是会苦尽甘来，齿颊留香。

目录

目录

目录

第一章·思其源

茶史渊源

茶，源于中国，自发现起，就一直为人们所用，至今已有数千年的历史。茶文化更成为东方文化中的重要组成部分。

茶文化的发展经历了复杂的变革：从生煮羹饮到饼茶、散茶；从单一的绿茶到六大茶类，再到种类繁多的花茶、保健茶；从手工操作到机械配制……正是在这些变革中，茶一步步从宫廷走向民间，从稀世珍品变为家家户户必备的日常饮品，从单纯的饮用发展成为讲求礼仪、程序的茶艺，又从茶艺升华为集儒、道、佛教文化精髓于一身的茶道精神，形成了博大精深的中华茶文化。

第一节　茶之起源

茶树的起源

中国是最早发现和利用茶树的国家，被称为“茶的祖国”。文字记载表明，我们的祖先在 3000 多年前的商周时期就已经开始栽培和利用茶树。然而，同其他物种一样，茶的起源和存在，必然是在人类发现和利用茶树之前，而后，人类开始用茶，用茶经验也是经过代代相传，从局部慢慢扩展开来，后来又逐渐见诸文字。

由此可见，茶树的出现，必是远远早于有文字记载的3000多年前，这一答案最终由植物学家证实。他们按植物分类学方法追根溯源，经过一系列分析研究，确定了茶树起源至今已有6000万年至7000万年的历史。

茶树原产于何处？历来争论较多，随着考证技术的发展，人们才逐渐达成共识，即中国是茶树的原产地。早在公元前200年左右，我国最早的一部解释词义的专著《尔雅》中就提到中国的野生大茶树；现今的研究资料也表明，全国有十个省区198处发现野生大茶树，仅云南省内树干直径在一米以上的就有十多株，其中一株，树龄已达1700年左右，有的地区，甚至野生茶树群落达到数千亩。总之，我国已发现的野生大茶树，时间之早，树体之大，数量之多，分布之广，性状之异，均堪称世界之最。此外，又经考证，印度发现的野生茶树与从中国引入印度的茶树同属中国茶树之变种。由此，中国是茶树的原产地遂成定论。

茶字由来

【茶之初为“荼”】

在古代史料中，茶的名称很多，最早被称为“荼”。

“荼”的字形最早见于2000多年前的战国时期，在“茶”的多种字形中使用最为普遍，流传也最广。但“荼”字多义，容易引起误解；另外“荼”是形声字，从草余声，草字头是义符，说明它是草本植物。而实际上，从《尔雅》起，人们就已发现茶是木本植物，用“荼”指茶，名实不符，便用“搽”字，从木荼声。此时，“搽”“荼”两字都有使用。

“荼”改为“茶”字首先使用于民间。有人称，“茶”字正式记载首见于《说文解字》，其中把“荼”释为“苦荼”，而且说荼“即今之茶字”。较为公认的说法则认为“茶”出于《开元文字音义》，这是一部与东汉的《说文解字》相似的字书，是由唐玄宗作序颁布的。这在陆羽《茶经·一之源》中有记载：“其字，或从草，或从木，或草木并。”原注：从草，当作“茶”，其字出《开元文字音义》。从木，当作“梌”，其字出《本草》。草木并，作“荼”，其字出《尔雅》。

尽管《广韵》《开元文字音义》收有“茶”字，但在正式场合，仍用“搽”（音茶）。初唐苏恭等撰的《唐本草》和盛唐陈藏器撰《本草拾遗》，都用“搽”而未用“茶”。直到陆羽著《茶经》之后，“茶”字才逐渐流传开来，字形进一步得到确立，并沿用至今。

【茶曾有多种称呼】

在中国古代，表示茶的字有多个。陆羽在《茶经·一之源》中列举了唐以前人们对茶的种种称呼：“其名，一曰茶，二曰槚，三曰蔎，四曰茗，五曰荈。”

注释《尔雅》的，晋郭璞注、宋邢昺疏的《十三经注疏》中，有“槚，苦荼”的解释，因此茶又被称为“槚”。

西汉司马相如的《凡将篇》中，茶则被称作“荈诧”。西汉末年，扬雄（公元前53—公元18年）在他的《方言》中称茶为“蔎”。

东汉许慎在《说文解字》中有“茗，荼芽也”的解释。成书于晋代的《华阳国志·巴志中》也有“原有芳蒻、香茗”的记载。

也有说法认为“荼、槚、蔎、茗、荈”是指不同时间采摘的茶，早采者为“荼”，晚采者为“槚”（音jiǎ）、“茗”或“荈”。但对“茗”，也有说是茶的嫩芽，并非晚采之茶。

古代还有将茶称为“瓜芦木、皋芦”的记载。

第二节 茶的发展简史

茶被发现之初是作为食物和药物来使用的，据《神农本草经》记载：

“神农尝百草，日遇七十二毒，得荼而解之。”

远在公元前2737—2697年，茶被神农发现，并用为药料，自此后，茶逐渐推广为药用。

一种说法：神农，也就是远古三皇之一的炎帝。炎帝能使苍天及时降雨，又能让太阳发出足够的光和热，因而人们拥他为首领，称为“炎帝”。他又收集许多谷种，教百姓播种五谷。于是，普天之下，阳光和雨露充足，年年五谷丰登，大家又尊称他为“神农”。

当时，人类无法抵抗疾病，神农便亲自去品尝百草，寻求解救之药。他经常到深山野岭去采集草药，不仅要走很多路，而且还要对采集的草药亲口尝试，体会、鉴别草药的功能。

有一天，神农在采药时尝到了一种有毒的草，顿时感到口干舌麻、头晕目眩，他赶紧背靠着一棵大树坐下休息。这时，一阵风吹来，树上落下几片绿油油的带着清香的叶子，神农顺手拣了两片放在嘴里咀嚼，没想到顿时感觉舌底生津、精神振奋，最初的不适一扫而空。于是他又拾起几片叶子细细观察，发现这种树叶的叶形、叶脉、叶缘均与一般的树木不同，便采集了一些带回去研究。后来，将其命名为“荼”。

茶的食用阶段晚于药用阶段。《晏子春秋》中说：“婴相齐景公时，食脱粟之饭，炙三戈、五卵茗菜而已。”这里所说的“茗菜”就是茶叶为原料的凉拌菜。除此之外，人们还将茶煮作羹饮，茶叶煮熟后，与饭菜调和一起食用，既增加营养，又可解毒。自此，茶叶的利用又前进了一步，人们运用了烹煮技术，也开始注意到茶的调味功能。

茶之为饮始自西汉

茶作饮用晚于食用、药用。关于饮茶的起源，一直众说纷纭，未有定论。大致来看，有先秦说、西汉说、三国说，最有史可据的则是西汉说。

清代郝懿行在《证俗文》中指出：“茗饮之法，始见于汉末，而已萌芽于前汉。”郝懿行认为饮茶始于东汉末，而萌芽于西汉。西汉辞赋家王褒在《僮约》中有“武阳买茶”“烹茶尽具”的文字记载，而武阳即今四川彭山县，说明四川在西汉宣帝神爵三年（公元前59年）已经开始将茶作为饮品了。

三国两晋南北朝

至三国之前，除巴蜀地区以外，茶仍是供上层社会享用的珍稀之品，饮茶仅限于王公朝士，民间极少。三国时，制茶工业得到发展，饮茶也渐渐在文人士大夫间流行，民间亦有饮茶者。魏代《广雅》中记载有当时饼茶的制法和饮用方法：“荆巴间采叶作饼，叶老者饼成，以米膏出之。”自此，茶以物质形式出现，进而渗透至其他人文学科。

神农氏

两晋南北朝时期，随着文人饮茶风潮的兴起，有关茶的诗词歌赋悄然问世，茶已经脱离作为一般形态的饮食而走入文化圈，起着一定的精神、社会作用。可以说两晋南北朝是中华茶文化的酝酿时期。

茶文化形成于隋唐

茶文化即饮茶的文化，是饮茶活动过程中形成的文化现象。茶文化的产生是在茶被用作饮品之后，兴盛于隋唐年间。公元780年，陆羽著成《茶经》，成为茶文化形成的标志。

《茶经》非仅述茶，而是把儒、道、佛三教精华及诗人的气质和艺术思想渗透到茶道中，首创中国茶道精神，奠定了中国茶文化的理论基础。《茶经》以后又出现大量茶书、茶诗，如《茶述》《煎茶水记》《采茶记》《十六汤品》等。唐代茶文化的形成与禅教的兴起有关，因茶有提神益思、生津止渴功效，故寺庙崇尚饮茶，在寺院周围植茶树，并且制定茶礼、设茶堂、选茶头，专呈茶事活动。在唐代形成的中国茶道分宫廷茶道、寺院茶礼、文人茶道。

《旧唐书·李玉传》：“茶为食物，无异米盐，于人所资，远近同俗，既怯竭乏，难舍斯须，田间之间，嗜好尤甚。”可见，此时民间茶俗逐渐形成。茶于人如同米、盐一样不可缺少，而田间农家，尤为偏嗜。

饮茶普及于宋代以后

宋承唐代饮茶之风，日益普及。一方面缘于宫廷茶文化的出现，另一方面是因为市民茶文化和民间“斗茶”之风的兴起。宋改唐人直接煮茶法为点茶法，并讲究色、香、味的统一。到南宋初年，又出现泡茶法，为饮茶的普及、简易化开辟了道路。

宋代饮茶技艺相当精湛，茶文化的表现形式也丰富多彩。由于宋代著名茶人大多数是著名文人，加快了茶与相关艺术融为一体的过程。像范仲淹、欧阳修、王安石、苏轼、苏辙、黄庭坚、梅尧臣等名家都嗜茶，所以诗人有茶诗，书法家有茶帖，画家有茶画……这使茶文化的内涵得以拓展，与文学、艺术等纯精神文化直接关联。

明清时代的饮茶，无论在茶叶类型上，还是在饮用方法上，都与前代差异显著。明代在唐宋散茶的基础上加以发展扩大，使之成为盛行明、清两代并且流传至今的主要茶类。明代炒青法所制的散茶大都是绿茶，兼有部分花茶。清代除了名目繁多的绿茶、花茶之外，又出现了乌龙茶、红茶、黑茶和白茶等，从而奠定了我国茶结构的基本种类。茶的饮用也由“点泡法”改成“撮泡法”。明代不少文人雅士还留有关于茶的传世之作，如唐伯虎的《烹茶画卷》《品茶图》，文徵明的《惠山茶会图》《陆羽烹茶图》《品茶图》等。茶类的增多，泡茶技法的差异，使得茶具的款式、质地、花纹等各方面也得到进一步发展。到了清代，茶叶出口已成为一种正式行业，而茶书、茶事、茶诗则不计其数。

现代茶文化的发展

新中国成立后，我国茶叶从1949年的年产7500吨发展到1998年的60余万吨。茶物质财富的增加为我国茶文化的发展奠定了坚实的基础。1982年，杭州成立了第一个以弘扬茶文化为宗旨的社会团体——茶人之家；1983年湖北成立“陆羽茶文化研究会”；1990年“中国茶人联谊会”在北京成立；1991年中国茶叶博物馆在杭州西湖乡正式开放；1993年“中国国际茶文化研究会”在湖州成立；1998年中国国际和平茶文化交流馆建成。

随着茶文化热潮的兴起，各地茶艺馆也如雨后春笋般涌现出来。国际茶文化研讨会已开到第五届，吸引了日、韩、美等国及港台地区积极参加。各省市及主要产茶县纷纷举办“茶叶节”，如福建武夷市的岩茶节，云南的普洱茶节，浙江新昌、湖北英山、河南信阳等地的茶叶节不胜枚举。茶成为促进我国经济贸易发展的重要载体。

文徵明《惠山茶会图》

第三节　茶香远飘世界

中国茶叶向世界各国的传播与扩散，经历了一个由原产地到沿长江流域传布到南方各省，再到韩国、日本、俄罗斯等周边地区，然后逐步走向世界的漫长过程。

茶叶传入日本

唐代至元代，日本遣使和僧侣络绎不绝地来到浙江各佛教胜地修行求学。他们中的许多人在返国时，不仅带去了茶的种植知识、煮泡技艺，还带去了中国传统茶文化的精神，并演绎为茶道在日本发扬光大，形成了具有日本民族特色的艺术形式。

公元9世纪初，日本奈良初期（729年以前），日本派往唐朝的高僧——最澄，将绿茶的茶种带回日本，在近江的台麓山脚下播下了第一批茶树种子。同时他把唐代寺院盛行的“供茶”和“施茶”方法也带回日本，将饮茶作为一种文化加以吸收。这一时期，品茶只限于寺院内，并未推广到民间。

几年后，一位名叫荣西的禅师向日本天皇奉上自己亲手栽种的茶叶，天皇立即被吸引，并鼓励在岛上开发新的茶树园。公元894年，日本与中国的贸易往来结束，茶渐渐不再流行。

公元12世纪，荣西禅师再次从中国引入新的茶树品种以及抹茶的制法，并大力宣传佛教和茶道。荣西还研究中国唐代陆羽的《茶经》，写出了日本第一部饮茶专著——《吃茶养生记》。他认为“饮茶可以清心，脱俗，明目，长寿，使人高尚。”他把此书献给镰仓幕府，自此上层阶级开始爱好饮茶，饮茶之风在日本盛行开来，荣西也被尊为日本的“茶祖”。

在此期间，中国宋代的茶具精品——天目茶碗、青瓷茶碗也由浙江传入日本。其中天目茶碗在日本茶道中占有非常重要的地位。日本自饮茶之初到创立茶礼的东山时代，所用茶具只限于天目茶碗。后来，因茶道的普及，一般所用茶碗为朝鲜和日本的仿制品，天目茶碗益显珍贵，只在“台天目点茶法”或贵客临门、向神佛献茶等比较庄重的场合使用。

15世纪时，被后世尊为日本茶道开山鼻祖的田村珠光首创了“四铺半草庵茶”，提倡顺从天然、真实朴素的“草庵茶风”。珠光认为茶道的根本在于清心，因此将茶道从“享受”转为“节欲”，体现了修身养性的禅道核心。

其后，日本茶道中承上

启下的一位人物——武野绍鸥，继承田村珠光的理论并结合自身特点，独辟蹊径地开创了“武野风格”。绍鸥将日本和歌“冷峻枯高”的美学应用于对茶室、茶具和茶礼的改造实践中，使之与珠光的“草庵茶”风格融会贯通，创造了更为简约枯淡，而又切实可行的“佗茶”（又称“和美茶”）。“佗”的正意做“寂寞”“寒碜”和“苦闷”。传至绍鸥手中的时候，“佗”又被他赋予新理念：“正直”“谨慎”“自律”“勿骄”。用诸茶道，则具体为：邀三五知己，坐于简捷明澈的茶室，彼此待以至诚之心，共同在茶的馨香之中了却人间俗事，寻求物我两忘的意境。

16世纪，绍鸥的徒弟，享有“茶道天才”之称的千利休，将以禅道为中心的“和美茶”发展而成贯彻“平等互惠”的利休茶道，成为平民化的新茶道。在此基础上归结出以“和、敬、清、寂”为日本茶道的宗旨：“和”以行之，“敬”以为质，“清”以居之，“寂”以养志。至此，日本茶道初步形成。

日本茶道的精神实质是追求人与人的平等相爱和人与自然的高度和谐。而在生活上恪守清寂、安雅，讲究礼仪，被日本人民视为修身养性、学习礼仪、进行人际交往的一种行之有效的方式。

日本茶道发扬并深化了唐宋时“茶宴”“斗茶”的文化内涵，形成了具浓郁本土特色和风格的民族文化，同时也潜移默化地受到中国茶文化的巨大影响。

茶叶进入欧洲纪事

西方第一篇有关茶叶的记载应源于一位阿拉伯商人，他在公元851年撰写了《中国与印度的关系》一文。后来，一些大旅行家的记载更激发了人们的想象力，但直到17世纪，欧洲许多国家的传教士才从中国带回了茶。

1606年，荷兰东方公司从中国购得的第一批茶叶运抵阿姆斯特丹。直到17世纪中期，该公司一直垄断着茶叶生意。荷兰和丹麦逐渐成为茶叶消费大国。

路易十三时代，茶叶从荷兰进入法国。此时的茶叶价格昂贵，在近两个世纪里，茶仅是贵族品饮的奢侈品。

1854年，亨利和爱德华·马里亚热在巴黎创建了“马里亚热兄弟”茶馆，并开始与中国茶商做茶叶生意。

17世纪中叶，茶叶正式进入英国。1652年，伦敦出现的第一批咖啡屋使茶叶逐渐普及并深入消费者喜爱。这类设施当时只供男性光顾，他们在这里可以饮咖啡或茶，同时配上点心和甜品。1706年，专门饮茶的休闲场所出现在伦敦街头：托马斯·特文宁开设伦敦第一家茶馆，专门供应茶水，尤其欢迎当时一直受排斥的女性顾客。从此，饮茶蔚然成风。

千年的茶马古道

在横断山脉的高山峡谷，滇、川、藏“大三角”地带的丛林草莽之中，绵延盘亘着一条神秘的古道，这就是世界上地势最高的文明文化传播古道之一的“茶马古道”。

茶马古道起源于唐宋时期的“茶马互市”，即藏区和川滇边地出产的骡马、毛皮、药材等和川滇及内地出产的茶叶、布匹、盐及日用器皿的互换交易。

藏属高寒地区，人们需要摄入含热量高的脂肪，但没有蔬菜，糌粑又燥热，过多的脂肪在人体内不易分解。茶叶既能够分解脂肪，又能减少燥热。所以，藏民在长期的高原生活中，养成了喝酥油茶的习惯。

藏区不产茶，却产良马，而在产茶的内地，民间役使和军队征战都需要大量的骡马。于是，具有互补性的茶和马的交易即“茶马互市”便应运而生。人们在横断山区高山深谷间来往、交易不息，并随着社会经济的发展，逐步形成一条延续至今的“茶马古道”。

茶马古道绵延四千余公里，主要有三条线路：青藏线

（唐蕃古道）、滇藏线和川藏线。

其中滇藏路线以云南的西双版纳为起点，途经大理、丽江、昌都等地，最终到达西藏的拉萨，是茶马贸易十分重要的枢纽和市场。滇藏线茶马贸易的茶叶，以云南普洱的茶叶为主，也有来自四川和其他地方的茶叶。云南内地的汉商把茶叶和其他物品转运到拉萨，转销给当地的坐商或者西藏的贩运商人，又从当地坐商那里购买马匹或者其他牲畜、土特产品、药材，运至丽江、大理和昆明销售。藏商大多到川滇换取以茶叶为主的日用品，以骡马和牦牛等为运输工具贩回拉萨。到达拉萨的茶叶，经喜马拉雅山口运往印度、尼泊尔，大量行销欧亚等国家。滇藏线成为中国茶叶进入欧亚的道路之一。

第二章·赏其艺

茶道之艺

最具权威性的《中国茶叶大辞典》将茶艺定义为：泡茶与饮茶的技艺。即茶艺并不包括种茶、制茶等内容，而专指泡茶、品茶的技艺与其技艺的演示。技艺分为技巧和艺术两部分。泡茶的技巧包括选器、择水、鉴茶、冲泡；品茶的技巧则是对茶汤的品尝、鉴赏，对其色、香、味、韵的体味；饮茶的技巧不仅包括个人的品饮，还包括以茶待客的基本技巧。

第一节　茶叶艺术

茶叶的演变

中国制茶历史悠久，自发现野生茶树，茶为人们所用起，茶叶的形态和加工方法经历了一系列变革。茶叶的形态经历了从最初的未经加工、直接取用茶树鲜叶煮饮，发展到经压制、晾晒后捻碎烹制的饼茶，再到经过加工的各类散茶的变革；茶叶的加工方法也从最初的晾晒制干，发展到压制成饼，再到蒸青、炒青的绿茶，直至现今形成门类众多的茶叶加工工艺。

河北宣化辽墓第六号墓茶道图（局部）

制茶工艺的进化和演变，受到茶树品种、鲜叶原料质量的影响，但起决定作用的仍是加工条件、加工技艺以及饮茶风潮。

【晒干或烘干散茶】

在最初发现和利用茶的时候，仅局限于它的自然形态，也就是未加工过的散茶。神农氏的药用和晏婴的食用，都是从树上采摘下来的青茶，绝谈不上什么品种的讲究和加工的技巧。

自人们把茶当作一种日常饮料起，原料的选择与加工逐渐为人们所重视，尤其是在茶的人工种植出现之后。

东晋（公元317—420年）时期，记述巴蜀历史地理的典籍《华阳国志》中提到：巴国把茶作为贡品进贡给周武王。巴距离周之国度有千里之遥，显然，作为贡品的茶绝不可能是鲜茶，至少是经过晾晒或烘干后的散茶，但由于史料中对此没有确切的记载，我们无法考证当时的制茶工艺。

【从散茶到饼茶】

在古代交通不便、贮运设备简单的条件下，散茶不便储藏和运输，于是人们将茶叶和以米膏制成茶饼，即晒青饼茶（饼茶又称团茶、片茶），既减小了散茶体积，又延长了保质期。晒青饼茶产生及流行的时间约在两晋南北朝至初唐。

初步加工的晒青饼茶仍有很浓的青草味，于是人们经反复实践，发明了蒸青制茶：将茶的鲜叶蒸后捣碎，制饼穿孔，贯串烘干。这种制茶工艺在中唐已经完善，陆羽在《茶经·三之造》中详细地介绍了蒸青茶饼的制作过程："晴，采之。蒸之，捣之，拍之，焙之，穿之，封之，茶之干矣。"

在唐及其后相当长的一段时间里，蒸青茶饼一直是茶的主要形式。

到了宋代，这种形式又有了进一步的发展。宋朝的历代君王大多好茶，又重奢华，对贡茶的要求越来越精良，于是，先出现了龙凤茶团。这种茶通过洗涤鲜叶，压榨去汁制成饼，饰有龙凤图案，而且茶叶的苦涩味大大降低。后来又出现了更加精致的小龙凤茶团，它的发明者蔡襄就是当时专为皇帝监制贡茶的福建转运使。小龙凤团茶用料讲究，做工细巧，实乃当时之极品。

【从饼茶到散茶】

蒸青的龙凤团茶需要压榨去汁，这种做法使茶的香味受到很大的损失，且整个制作过程耗时费工，这些条件加速了蒸青散茶的出现。

蒸青散茶就是在蒸后不揉不压，直接烘干的做法，很好地保持了茶的香味。这种改革出现在宋代，据《宋史·食货志》载："茶有两类，曰片茶，曰散茶"，片茶即饼茶。

由宋至元，饼茶和散茶并存。到了明代初期，平民出身的太祖皇帝朱元璋崇尚节俭，为减轻茶农的负担，1391年下诏，废除贡茶中耗时耗工的龙凤团茶，改用散茶。《明太祖实录》载："罢造龙团，惟采茶芽以进。"从此，蒸青散茶在明朝前期大为盛行。

【从蒸青散茶到炒青散茶】

相比饼茶，蒸青散茶能相对较好地保留茶叶的香味，然而，香气依然不够浓郁，于是出现了利用干热发挥茶叶香气的炒青技术。明代，炒青制茶法日趋完善，在张源《茶录》、许次纾《茶疏》、罗廪《茶解》中均有详细记载。其制法大体为：高温杀青，揉捻，复炒，烘焙至干。这种工艺与现代炒青绿茶制法已经非常接近。

【从绿茶发展至其他茶类】

在绿茶的制造基础上，选择不同的鲜叶原料，通过不同的制造工艺，逐渐出现了色、香、味、形等品质特征不同的其他茶类，即黄茶、黑茶、白茶、红茶、青茶，它们与绿茶一起被称为六大茶类。

【从素茶到各种再加工茶】

再加工茶是以六大基本茶类为原料，经再加工而成的产品，包括花茶、紧压茶、萃取茶、果味茶、药用保健茶和含茶饮料等。

花茶是由茶加香料或香花制成，利用了茶叶的吸味特性和香料、鲜花的吐香特性窨制而成，始于宋代，为我国独创。其基本工艺为：茶坯复火、鲜花打底、熏制拼合、通花散热、起花、复火、提花、匀堆装箱等。其品种因所用花异而不同，以香气芬芳、保健养生、持久耐贮而广为人爱。

紧压茶也在古代就有生产，唐代的蒸青团饼茶、宋代的龙团凤饼，都是采摘茶树鲜叶经蒸青、磨碎、压模成型而后烘干制成的紧压茶。现代紧压茶与古代不同，大都是以粗加工的红茶、绿茶、黑茶的毛茶为原料，经过再加工、蒸压成型而制成，因此紧压茶属再加工茶类，如云南沱茶、湖南砖茶等。

萃取茶是以各种成品茶为原料，用热水萃取茶叶中的水可溶物，过滤弃去茶渣获得的茶汤，经浓缩、干燥制成固态“速溶茶”，或不经干燥制成“浓缩茶”，或直接将茶汤装入瓶、罐制成液态的“罐装饮料茶”。我国速溶茶的主要品种有速溶红茶、速溶绿茶、速溶乌龙茶、速溶保健茶等。

在各种再加工茶中，果味茶和保健茶越来越受到人们喜爱。果味茶是利用红、绿茶提取液和果汁为主要原料，再加糖和天然香料经科学方法调制而成的一种新型口味的饮料，滋味酸甜可口，回味甘凉，是一种提神解渴、老少皆宜的饮料，如柠檬茶、鲜橘汁茶、香蕉茶、草莓茶、苹果茶等。药用保健茶是茶叶与某些中草药或食品混合调配制成的饮品，侧重保健养生，如红茶加生姜、甘草和蜂蜜的暖

沱茶

茶，乌龙茶加金银花的凉茶，除口臭的藿香茶汁，降血脂的苦丁茶，减肥的麦茶，清凉的薄荷茶，进补的冬虫夏草茶等。

含茶饮料是在饮料中添加茶汁制成的，如用菊花、桂花、茉莉花与茶混合的各种调味茶；红茶和牛奶、花生、核桃一起制成的奶茶；茶叶和糖一起经微生物发酵生产的茶酒等。

七大茶类

我国茶类的划分目前尚无统一标准，将目前流行的各种分类方法综合起来，我国茶叶大致可分为基本茶类和再加工茶类两大部分，而再加工茶类则以花茶为主，所以，这里为您介绍的七大茶类即指六类基本茶再加上花茶。

【碧绿青翠的绿茶】

绿茶，属于不发酵茶类，因其干茶色泽和冲泡后的茶汤、叶底以绿色为主色调，故名。

绿茶以茶树新梢为原料，经杀青、揉捻、干燥等典型工艺过程制成。杀青工序是绿茶类制法的主要特点。

绿茶是历史上最早的茶类。古代人类采集野生茶树芽叶晒干收藏，可以看作是绿茶加工的开始，距今至少有三千多年的历史。但真正意义上的绿茶加工开始于公元8世纪，到12世纪成熟，沿用至今，并逐渐完善。

绿茶为我国目前产量最高的茶类，传统绿茶中的眉茶和珠茶，一向以香高、味醇、形美、耐冲泡而深受国内外消费者青睐。在国际市场上，我国绿茶销量占内销总量的1/3以上，占国际绿茶贸易量的70%还多，销售渠道遍及北非、西非各国及法、美、阿富汗等50多个国家和地区。

【艳如琥珀的红茶】

红茶，属于全发酵茶类，因其干茶色泽和冲泡的茶汤以红色为主色调，故名。

红茶以茶树新芽叶为原料，制作过程不经杀青，而是直接萎凋、揉捻、发酵，使所含的茶多酚氧化，变成红色的化合物。这种化合物一部分溶于水，一部分积累在叶片中，从而形成红汤、红叶。

红茶起源的确定年代已不可考，成书于明朝中期（约16世纪）的《多能鄙事》一书中曾提及“红茶”这一名称，是迄今为止有关红茶的最早记载。据推测，17世纪时，我国已经开始制作红茶，最先出现的是福建小种红茶。以小种红茶的制作工序为基础，18世纪中期，在福建又演变产生工夫红茶，制作加工更为精细。

【色橙味浓的黄茶】

黄茶，属于微发酵茶类，由炒青绿茶发展而来。由于绿茶杀青、揉捻后干燥不足或不及时，叶色即变黄，故名。明代许次纾《茶疏》（1597年）记载了这种演变历史。黄茶的制作工序称为“闷黄”“闷堆”，或称“初包”“复包”“渥堆”。

黄茶芽叶细嫩，显毫，香味鲜醇。由于品种的不同，在茶片选择、加工工艺上也有相当大的区别。如湖南的君山银针，采用的全是肥壮的芽头，加工后的茶外表披毛，色泽金黄光亮；而浙江的平阳黄汤则为采摘细嫩茶叶加工而成，白心黄叶。

【毫色如雪的白茶】

白茶，属于发酵茶类，是我国茶类中的珍品。因其成品茶多为芽头，满披白毫，如银似雪而得名。白茶一般分为萎凋和干燥两道工序，萎凋是其关键。

唐、宋时所谓的白茶，是指用偶然发现的白叶茶树品种制作而成的茶，与后来发展起来的不炒不揉特殊工艺制作而成的白茶不同。而到了明代，出现了类似现在的白茶。田艺蘅《煮泉小品》记载：“茶者以火作者为次，生晒者为上，亦近自然……清翠鲜明，尤为可爱。”

现代白茶是从宋代绿茶三色细芽、银丝水芽逐渐演变而来的。最初是指干茶表面密布白色茸毫、色泽银白的“白毫银针”，后来经发展又产生了白牡丹、贡眉、寿眉等其他花色。

【意味隽永的乌龙茶（青茶）】

乌龙茶（青茶）属于半发酵茶类，传说以乌龙茶制法的创始人之名而命名。乌龙茶是我国几大茶类中独具特色的茶叶品类。基本工艺过程是晒青、晾青、摇青、杀青、揉捻、干燥。

乌龙茶起源的时间，学术界尚有争议，一说北宋，一说清咸丰年间，但关于地点，大家都认为最早在福建创制。清初王草堂《茶说》："武夷茶……茶采后，以竹筐匀铺，架于风日中，名曰晒青，俟其青色渐收，然后再加炒焙……烹出之时，半青半红，青者乃炒色，红者乃焙色也。"现福建武夷岩茶的制法仍保留了这种传统工艺的特点。

乌龙茶综合了绿茶和红茶的制法，有"绿叶红镶边"的特点，其品质介于绿茶和红茶之间，既有红茶浓鲜滋味，又有绿茶清芬香气。因其药理作用突出表现在分解脂肪、减肥健美等方面，故在日本被称之为"健美茶"。

【贵重如漆的黑茶】

黑茶，属于后发酵茶，是我国特有的茶类，也是边疆少数民族日常生活必不可少的饮品。黑茶在加工过程中，鲜叶经"渥堆"发酵变黑，故名。

黑茶在我国制造始于明代中叶，生产历史距今已有四百余年。明御史陈讲疏记载了黑茶的生产状况（1524年）："商茶低仍，悉征黑茶，产地有限……"现代黑茶的主要产地有湖南、湖北、四川、云南等省。

黑茶可直接冲泡饮用，也可以压制成紧压茶（如各种砖茶），自然气候下存放年头愈久，则口感愈醇和，身价愈贵重。

【种类繁多的花茶】

花茶，亦称熏花茶、香花茶、香片。花茶是以绿茶、红茶、乌龙茶茶坯及符合食用需求、能够吐香的鲜花为原料，采用窨制工艺制作而成的茶叶，花香茶味珠联璧合。一般根据其所用的香花品种不同，可分为茉莉花茶、玉兰花茶、珠兰花茶等亚类，其中以茉莉花茶产量最大。每种亚类又根据其加工原毛坯的产地、质量与制作工艺的精细程度划分出若干等级，有特级、一级、二级、三级、四级、五级、六级（有的没有六级）。

茶加香料或香花的做法已有很久的历史。宋代蔡襄《茶录》提到加香料茶："茶有真香，而入贡者微以龙脑和膏，欲助其香。"南宋已有茉莉花焙茶的记载，施岳《步月·茉莉》词注："茉莉岭表所产……古人用此花焙茶。"到了明代，花茶的制作技术日臻完善，且可用于制茶的花品种繁多，据明代顾元庆（1564—1639）《茶谱》记载，当时即有桂花、茉莉、玫瑰、蔷薇、兰蕙、栀子、木香、梅花等十几种之多。大规模窨制花茶则始于清代咸丰年间（1851—1861），到1890年花茶生产已较普遍。现代花茶的种类更为丰富，除了上述花种外，还有菊花茶、金莲花茶、百合花茶、千日红茶、灯笼花茶、玫瑰茄茶、白兰花茶、珠兰花茶等。

十大名茶

【西湖龙井】

西湖龙井茶是绿茶中最有特色的茶品之一，素有“天堂瑰宝”之称，因产于杭州西湖山区的龙井村一带而得名。历史上龙井茶有“狮、龙、云、虎、梅”字号之分，分别产于杭州市西湖区的狮峰山、龙井村、五云山、虎跑村和梅家坞，其中产于狮峰山的“狮”字号品质最好。

龙井茶含氨基酸、儿茶素、叶绿素、维生素C等成分均比其他茶叶多，营养丰富，有生津止渴、提神益思、消食利尿、除烦去腻、消炎解毒等功效。好茶还需好水泡，龙井茶与虎跑泉并称杭州“双绝”，若二者相配，则香更浓、味更醇，历来为世人所称道。

【洞庭碧螺春】

洞庭碧螺春属细嫩炒青绿茶，产自国家著名景区江苏太湖洞庭山2500多亩绿色无污染基地茶园。洞庭西山是著名的茶、果间作区，茶树与桃、李、梅、橘等果木间种，茶吸果香，花融茶叶，二者相得益彰。另外，太湖周边气候温和湿润，得天独厚的生长环境孕育了碧螺春的良好品质。

碧螺春采制工艺精细，采摘初展芽叶为原料，经拣剔去杂，再行杀青、揉捻、搓团、炒干之法而制成，炒制要点是“手不离茶，茶不离锅，炒中带揉，连续操作，茸毛不落，卷

曲成螺”。

关于碧螺春的来历，有这样一个传说：

很早以前，西洞庭山上住着一位名叫碧螺的美丽姑娘，她有一副清亮圆润的嗓子，十分喜爱唱歌。与西洞庭山隔水相望的东洞庭山有一个叫阿祥的小伙子，他在打渔路过西洞庭山时，常常听见碧螺姑娘那优美动人的歌声，也常常看见她在太湖边织网的婀娜身姿，心里深深地爱上了她。

有一年，太湖中出现一条恶龙，扬言要碧螺姑娘做妻子。阿祥发誓与恶龙决一死战，便操起渔叉同恶龙搏斗。阿祥杀死了恶龙，但自己也因流血过多昏了过去。

乡亲们把勇敢的阿祥抬回家后，他的病情一天天恶化，碧螺姑娘十分伤心。为了救活阿祥，她踏遍洞庭，到处寻找草药。一天，碧螺发现一棵小茶树长得特别好，春寒料峭，它却长出了许多芽苞。她十分爱惜这棵小茶树，每天给它浇水，不让它受冻。清明刚过，小树便伸出嫩叶。姑娘采下几片嫩叶，带回家泡在开水里送到阿祥嘴边。一股清爽的香气沁入阿祥的心脾，本来水米不进的阿祥顿觉精神一振，一口气把茶喝光，接着就恢复了知觉。

姑娘见状，高兴极了，就把小茶树上的叶子全采了下来。

为了方便贮存，她用一张薄纸裹着鲜叶放在自己胸前，让体内的热气将嫩茶叶焙干，然后拿出来在手中轻轻搓揉。她每天取一点儿这种茶叶泡给阿祥喝，阿祥喝了这茶水，不久居然完全恢复了健康。

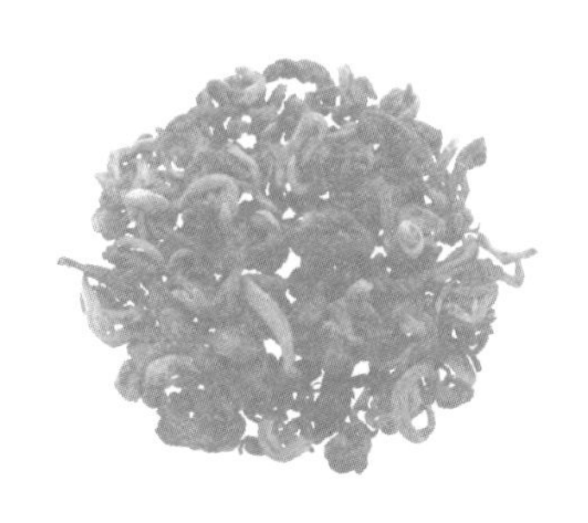

碧螺姑娘一天天憔悴了，因为她将所有的元气都凝聚在阿祥身上。阿祥痊愈了，姑娘却带着幸福的微笑告别了人间。为了纪念碧螺姑娘，人们就把这种茶叶取名为“碧螺春”。

【黄山毛峰】

黄山毛峰是中国著名绿茶之一，产于安徽黄山风景区和毗邻的汤口、冈村、芳村、充川、杨村、长潭、千金台一带，其中汤口、冈村、杨村、芳村产区在历史上曾被称为黄山“四大名家”。

现在黄山毛峰的生产已扩展到黄山山峰南北麓的黄山市徽州区、黄山区、歙县、黟县等地。这里山高谷深，峰峦叠翠，溪涧遍布；气候温和，云雾缥缈，雨量充沛；土层深厚，质地疏松，透水性好，很适宜茶树生长。优越的生态环境，为黄山毛峰高超品质的形成创造了良好的条件。

【庐山云雾】

庐山云雾是中国著名绿茶之一，产于江西庐山，古称“闻林茶”，从明起始称云雾，至少已有三百多年历史。

庐山为海拔一千多米的中等山地，北有长江环绕，东为鄱阳湖环围，山间峡谷交错，泉飞瀑泻，林中终日云蒸霞蔚，年均雾日高达190多天。庐山茶长年受云雾笼罩，日照时间短，形成其特有品质特征，故称“庐山云雾茶”。

庐山云雾茶具有怡神解泻、帮助消化、杀菌解毒、防止肠胃感染、增加抗坏血病等功效，深受欢迎。在国际茶叶市场上，庐山云雾茶更是供不应求。

【六安瓜片】

六安瓜片是绿茶的一种，产于皖西大别山茶区的安徽省六安市、金寨县和霍山县，以其外形似瓜子，呈片状而得名。因其主要产区为金寨县的齐云山，而且也以齐云山所产瓜片茶品质最佳，故又名“齐云瓜片”。

六安瓜片

六安茶优良的品质，缘于得天独厚的自然条件，同时也离不开精细考究的采制加工过程。瓜片的采摘时间一般在谷雨至立夏之间，较其他高级茶迟半月左右。采制方法十分独特：一是鲜叶必须长到“开面”才采摘；二是鲜叶要经过“扳片”，除去芽头和茶梗，掰开嫩片、老片；三是嫩片、老片分别杀青；四是烘焙分三次进行，火温先低后高，特别是最后拉老火，直到叶片白霜显露，色泽翠绿均匀，然后趁热密封储存。这个过程实为茶叶烘焙技术中别具一格的“火功”。

【君山银针】

君山银针，我国著名黄茶类针形茶，产于湖南省岳阳市洞庭湖中的君山岛上。君山又名洞庭山，岛上土壤肥沃，竹木丛生，年均温差不大，年平均降水量为1340毫米，三月至九月间的相对湿度约为80%。每值春夏季节，湖水蒸发，云雾弥漫，良好的生态环境孕育了君山银针优秀的品质，其色、香、味、形俱佳，世称“四美”。

君山茶旧时曾经用过黄翎毛、白毛尖等名，后因茶芽挺直，布满白毫，形似银针而得名“君山银针”。

【信阳毛尖】

信阳毛尖，我国著名绿茶之一，产于河南省南部大别山区的信阳县，条索细圆紧直、有锋尖，茸毛显露，故称。

毛尖一般自四月中、下旬开采，分20到25批次采摘，每隔两三天巡回采一次。以一芽一叶或一芽二叶初展为特级和一级毛尖；一芽二三叶制二级和三级毛尖。芽叶采下，分级验收，分级摊放，分别炒制。

信阳毛尖初制后，经人工拣剔，把成条不紧的粗老茶叶和

南湾湖——信阳毛尖的原产地

黄片、茶梗及碎末拣剔出来，经拣剔后的茶叶就是市场上销售的“精制毛尖”。拣出来的青绿色成条不紧的片状茶，叫“茴青”，春茶茴青又叫“梅片”。“茴青”属五级茶，拣出来的大黄片和碎片末列为级外茶。

【武夷岩茶】

武夷岩茶属乌龙茶类，产于福建崇安县的武夷山。武夷山位于福建崇安东南部，素有“奇秀甲东南”之称。武夷不独以山水之奇而奇，更以茶之奇而奇，著名的武夷岩茶就生自绝壁岩谷之中，可谓岩岩有茶，茶以岩名，岩以茶显，故名岩茶。

武夷岩茶中最为著名的有大红袍、铁罗汉、白鸡冠、水金龟等四大名丛（选一二株品质特优的茶树单株采制的，称“名丛”）。大红袍声誉最高，为四大名丛之魁首。大红袍生长在武夷山九龙窠高岩峭壁上，现有六株茶树，都是灌木茶丛，叶质较厚，芽头微微泛红，阳光照射茶树和岩石时，岩光反射，红灿灿的一片十分显目。

【安溪铁观音】

铁观音是乌龙茶的极品，产于福建省东南部的安溪县。安溪是中国特种茶类乌龙茶的故乡，素有“茶树良种宝库”之称。安溪地处戴云山脉东南坡，地表自西北向东南倾斜，群山环抱，峰峦叠翠，溪流潺潺，气候温和，水量充沛。得天独厚的自然环境加上千年实践得到的精湛制茶技艺，使安溪茶叶品质格外优异，闻名遐迩。铁观音是其中品质最优、知名度最高的茶种。

关于铁观音品种的由来，在安溪流传着这样一个故事。

相传，清乾隆年间，安溪西坪上尧茶农魏饮制得一手好茶，他每日晨昏泡茶三杯供奉观音菩萨，十年间从不间断，可见礼佛之诚。一夜，魏饮梦见山崖上有一株透发兰花香味的茶树，正想采摘时，一阵狗吠把好梦惊醒。第二天魏饮果然在崖石上找到了一株与梦中一模一样的茶树，于是采下一些芽叶，带回家中，精心制作。制成之茶，味甘醇鲜爽，闻之精神振奋。魏饮认为这是观音所赐的茶之王，就把这株茶树挖回家进行栽培。几年之后，茶树枝叶茂盛，每每采摘，必得精品香茗。因为此茶美如观音重如铁，又是观音托梦所获，就叫它“铁观音”。从此铁观音名扬天下。

【祁门红茶】

祁门红茶，又称祁门工夫红茶，简称“祁红”，属红茶类，因产于世界十大自然遗产和文化遗产之一的中国黄山西麓祁门县而得名。在历史上主产于黄山市祁门县、黟县、黄山区（原太平县），池州市石台县、东至县、贵池区等地域。相邻的江西省的景德镇市亦属祁红产区。祁红产区，自然条件优越，山地林木多，温暖湿润，土层深厚，雨量充沛，云雾多，宜于茶树生长。

祁红既可单独泡饮，加入牛奶、糖调饮也非常可口，芳香不减。

茶叶的选购——精茶

品茶，首先要会选购好茶，否则茶艺就成为纸上谈兵了。因此，“精茶”被列为茶艺四要之一，成为茶艺的关键环节。

古人饮茶，大都是纯茶，因此鉴别的方法比较简单，如陆羽在《茶经》中所说：“野者上，园者次；紫者上，绿者次……”而现代因育、采、制技术的进步，茶种多，品类也多，鉴别就比较困难。大体上讲新茶的品质最好。

新茶通常是指当年春季从茶树上采摘的头几批鲜叶，经加工而成的茶叶。茶叶收购部门的“抢新”，茶叶销售部门的“新茶上市”，茶叶消费者的“尝新”，一般指的都是每年最早采制加工而成的几批茶叶。也有将当年采制加工而成的茶叶称为新茶的。陈茶则指上年甚至更长时间采摘加工制成的茶叶。

对于多数茶叶品种来说，新茶比陈茶好。“饮茶要新，喝酒要陈”就是人们长期经验的总结。宋代唐庚的《斗茶记》中曾提到：“吾闻茶不问团挎，要之贵新，水不问江井，要之贵活。”新茶的色、香、味、形，都给人以新鲜的感觉，称之为“崭鲜喷香”。隔年陈茶，无论是色泽还是滋味，总有“香沉味晦”之感。

并非所有的茶叶都是新茶比陈茶好。如西湖龙井、旗枪、洞庭碧螺春、莫干黄芽、顾渚紫笋等茶，若能在生石灰缸中贮放一两个月，反而能除去青草气味；又如盛产于福建的武夷岩茶、湖南的黑茶、湖北的汉砖茶、广西的六堡茶、云南的普洱茶等，隔年陈茶反而香气馥郁、滋味醇厚。

但多数茶叶品种还是新茶比陈茶好。可依照以下几方面进行鉴别：

【观色法】

新茶颜色鲜，绿意明显；陈茶则色泽发暗、发黑，绿意明显比新茶差。

新茶茶汤清澈明亮；陈茶混浊不清或色灰暗。

茶叶在贮存过程中，由于受空气中氧气和光的作用，使构成茶叶色泽的一些色素物质发生缓慢的分解。如陈绿茶，叶绿素分解，使色泽由新茶时的青翠嫩绿逐渐变得枯灰黄绿，陈绿茶中含量较多的抗坏血酸（维生素C）氧化产生的茶褐素，会使茶汤

西湖龙井

变得黄褐不清；再如陈红茶，对品质影响较大的茶黄素的氧化、分解或聚合，还有茶多酚的自动氧化的结果，会使红茶由新茶时的乌润变成灰褐。

【辨味法】

新茶香味浓郁，新鲜自然；陈茶缺少鲜味。

新茶口感清爽、甜香，滋味醇厚，喉头有甘润之感；陈茶口感淡薄、“滞钝”。

陈茶中的酯类物质经氧化后产生了易挥发的醛类物质，或不溶于水的缩合物，结果使可溶于水的有效成分减少，从而使茶叶滋味由醇厚变得淡薄；同时，又由于茶叶中氨基酸的氧化和脱氨、脱羧作用的结果，使茶叶的鲜爽味减弱而变得“滞钝”。

【干湿分辨法】

新茶一般比较干燥、脆硬，用手摩擦，有清脆的摩擦音，指捏能成粉末；陈茶手感稍重，没有摩擦音。

新茶刚刚上市，刚刚炒出来，含水量较低，故而干燥。陈茶因放置时间较长，返潮影响使茶质柔软。

茶的鉴别、选购并不是一项简单的技能，初学者常常“看走眼”，只有经过长时间反复的观察和体验，才能达到纯熟的程度。

茶叶的贮存

茶叶中的一些不稳定成分，如保存不慎，在一定的物理、化学诱因下，易产生氧化及霉变等化学变化，就是通常所说的“茶变”。于是，茶的贮存就成为一个十分重要的问题。

一般少量的茶，能在短时间内饮完的，只要用干燥洁净的茶罐存放即可。但也要注意茶罐的质地，绝不能用塑料或其他化学合成材料制品，一般以铁罐、纸罐次之，双层盖的不锈钢、瓷罐等居中，以锡罐为上。透明的玻璃容器即使密封性好，也不能长期保存茶叶，否则光照易加速分解；陶罐因陶的透气性较强，易使茶失味，也不宜用。此外，茶罐的大小要适宜，以茶叶差不多能装满为宜，尽量减少罐中空气。还要保证容器干燥、洁净、无异味。

如果茶叶较多，需贮存一段时间，就要仔细对待了。

首先，要检验一下茶的干湿程度。一般的茶的水分应在5%—7%之间，水分太大，贮存极易霉变，所以，当茶的水分较高时，先应将其烘干。在烘干时应注意用于烘干的容器一定要清洁，绝对不能有油

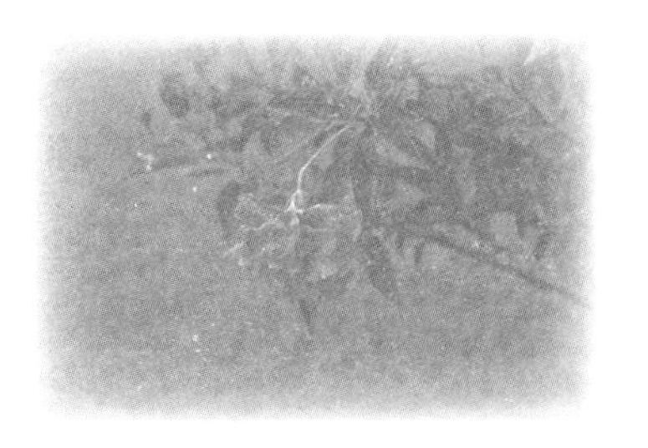

污，以免污染茶叶。

然后，将茶（如经过烘干，一定要待茶凉后）装入锡质或马口铁的罐子中，盖紧盖子，用胶带封口，最好在罐中放置一小袋食品干燥剂；也可把茶放入干燥的保温瓶中，盖好盖子，用熔化后的白蜡将瓶口密封；有条件的，还可把茶装入洁净的食品真空袋内，用家用抽气机抽成真空。

盛装茶叶的容器宜放在干燥通风的暗处，不能放在潮湿、高温、脏污、曝晒的地方，且周围不能有樟脑、药品、化妆品、香烟、洗涤用品等有强烈气味的物品。还要注意，不同种类、不同级别的茶叶不能混在一起保存。不能在保存红茶、花茶时使用生石灰作吸湿剂。

如上贮存方法，只能尽量延长茶叶保鲜期，并不能长期保鲜。而且，由于制作工艺的差异，不同茶叶的保鲜期也不同。绿茶、白茶、黄茶由于不发酵或轻发酵，最难保管，一般新茶上市三个月后就开始变味；青茶是半发酵，能保存半年左右的新鲜味；红茶是全发酵茶，可以保存更长一些；黑茶是后发酵茶，由于特殊的制作工艺，越存反而品质越好，素有“茶叶古董”和“黑色黄金”之称。

总结起来，保存茶叶的关键在于：防压、防潮、密封、避光、防异味。另外，若想品得好茶，一定要在茶叶的保鲜期内饮用。

第二节　茶具艺术

茶具的演变

茶具，顾名思义，就是用于茶事的工具。在茶艺形成之初，人们把制茶用的工具和饮茶用的器具统称为“茶具”。到了两晋时期，人们开始将二者加以区别，将饮茶所用器具改称“茶器”，而茶具则专指制茶的工具，其后的南北朝、隋唐、五代大都延用这一概念，陆羽在《茶经》中也曾明确指出过。到了宋代，人们又将制茶工具和饮茶器具重新统称为“茶具”，一直沿用至今。但作为一般饮茶者，我们概念中的“茶具”却是专指饮茶的器具，所以在本节中，我们只谈饮茶器具的发展变化及其种类。

【简单朴素的唐前茶具】

茶具的产生，始于奴隶社会，当时的主要茶具为煮茶的锅、饮茶用的碗和贮茶用的罐等。但当时还没有“茶具”这种专门的称呼。

“茶具”一词最早出现于汉代。我国最早提到“茶具”的一条史料为西汉辞赋家王褒《僮约》的“烹茶尽具”，意思是

说吃茶后，把茶具清洗干净，这说明至少在西汉时期，茶具已经进入中产阶级的日常生活。马王堆汉墓中出土的茶箱，进一步证明了此时茶具已经与其他餐饮器皿进行了明确的区分。这时的茶具种类还比较简单，除去大量贮茶的箱、罐，少量贮茶时所用的盒、奁等容器，就是烹茶时所用的鼎、釜、壶、瓶，饮茶时所用的盂、杯、碗，盛茶时的勺等。

汉代，人们饮茶与今天不同，常配以姜、葱及其他食物混煮成汤或供药用，所用茶具和其他饮食用具没有明确的区分。如碗主要用来吃饭，但也可以饮茶和喝酒；壶、罐一类盛贮器可以储水，也可用以盛茶装酒。这些器具是用陶制的“缶”，一种小口大肚的容器。浙江余姚河姆渡出土的黑陶器，便是当时餐具兼作饮具的代表。

晋、南北朝时期，专门化的茶具从食器中逐渐分化出来，出现了带托盘的青釉茶盏。盏托，又称“茶船”“茶拓子”，为承托茶盏，以防烫手的用具。除盏与托外，还出现一种我们常说的“茶壶”，但过去不叫壶，而称为“汽瓶”，是注水的容器。常见的鸡首汤瓶产生于三国末年至两晋时期，以越窑为多见，德清窑等瓷窑均有烧制。这一阶段的茶具种类不多，但为唐宋以后茶具的发展打下了基础。

【完备配套的唐代茶具】

唐朝是我国封建社会经济文化繁荣昌盛时期，茶具也有长足的发展，在中国茶具发展史上占有重要地位。

唐代饮茶风尚极为盛行，文人士大夫更以饮茶为韵事，人们不仅注重茶叶的色香味和烹茶方法，而且对茶具也十分讲究，尤其陆羽在《茶经·四之器》中将茶具的品种规格加以规范，使中国茶艺中的茶具得到了空前的发展。《茶经》中所开列的一套茶具有二十四种，计二十九件，可见唐人对茶具要求之严格。

唐代茶具中颇具特色的是茶壶，又称“茶注”，壶嘴称“流子”，形式短小，取代了晋时的鸡首流子。相传唐时西川节度使崔宁的女儿发明了一种碗托，她以蜡做成圈，来固定茶碗在盘中的位置，后来演变为瓷质碗托，现代称为“茶船子”。其实，类似的茶具早在周朝就已出现，《周礼》中把盛放杯樽之类的碟子叫作“舟”。唐代直接用于饮用的茶具为盏（陆羽在《茶经》中称为碗），其器型较碗小，敞口浅腹，斜直壁，玉璧形足，最适于饮茶。外形多为花瓣形、荷叶形、海棠形和葵瓣形等。唐代还出现了贮茶的专用器皿——茶笼，以及用于随身携带碎茶的小盖罐。

唐代茶具材质以陶瓷及金、银为主，也出现了玻璃茶具。由于陶瓷盏制作精细，釉色莹润，因而广受瞩目。最负盛名的当为越窑盏和邢窑盏，可代表当时南青北白两大瓷系，均为当时的贡品。越窑盏和邢窑盏在造型风格上有明显的区别。越窑盏“口唇不卷，底卷而浅”；邢窑盏较厚重，外口没有凸起卷唇。唐代南方青瓷以越窑为代表，越窑青釉盏是唐代最流行的茶盏式样。陆羽在《茶经》中用“类玉”“类冰”来形容越窑盏的胎釉之美。北方白瓷以邢窑为代表，邢窑盏亦有“天下通用之”的情况。白居易称“白瓯碗甚洁”。陆羽《茶经》也认为，邢窑盏“类银”“类雪”。金、银制成的茶具器皿则流光溢彩、富丽堂皇，宫廷、贵族家庭才用得起。

【鼎盛兴隆的宋代茶具】

宋代饮茶器具大体沿袭唐代，变化的主要方面是煎水的用具变为倒水的茶瓶，茶盏崇尚黑色，又增加了“茶筅”，这些茶具的变化都是为了与当时流行的“点茶法”相配套。从整体风格上讲，唐代茶具古朴典雅，而宋代茶具则富丽堂皇。

茶瓶是宋代饮茶

时所用到的重要茶具，取代了唐代煎茶用的“鼎镬”和倒茶用的茶壶。据宋代罗大经《鹤林玉露》说：“近世瀹茶，鲜以鼎镬，用瓶煮水”，证明当时已由锅改为汤瓶了。为了适应当时流行的“点茶法”，茶瓶变成喇叭形口，易于注入液体；汤瓶修长，管状弯曲的壶嘴（古时称“流”）长度已比唐时增加三至四倍；壶嘴、壶把儿多与壶口平齐，液体可以灌满；壶腹为长腹或瓜棱形圆腹，增大了汤瓶的容量。汤瓶的式样也较前代多，有瓜棱形汤瓶、兽流汤瓶、提梁汤瓶、葫芦式汤瓶等。

宋代的茶盏颇为讲究，使用盏托更为普遍。茶盏又称“茶盅”，实际上是一种广口圈足的小型茶碗，这种设计有利发挥和保持茶叶的香气。由于宋代瓷窑的竞争、技术的提高，使得茶具种类增加，出产的茶盏、茶壶、茶杯等式样各异，色彩雅丽，风格多样。

宋代茶具的材料多以瓷器为主，黑釉盏在当时最受偏爱。原因有二：宋时饮饼、团茶，即把一种发酵的膏饼茶碾成细末，放在茶盏内，再用汤瓶注入初沸的水，茶汤表面便浮起一层白色的沫，这种白色的茶沫和黑色的茶盏色调分明，黑釉盏自然最为适宜“斗茶”，此其一；“斗茶”时要求茶盏在一定时间内保持较高的温度，黑釉盏胎体较厚，能长时间地保持茶汤的温度，故备受斗茶者的推崇，此其二。由于黑釉盏为“斗茶”的最佳茶具，因此黑釉盏的烧制盛极一时，全国各地出现了不少专烧黑釉盏的瓷窑，其中以福建建阳窑和江西吉州窑所产之黑釉盏最为著名。

宋代茶具的整体特点是更加讲究法度，形制愈来愈精细，器具称谓越来越文雅，这是由于宋代茶艺深受理学影响的缘故。如烘茶的焙笼叫“韦鸿胪”，自汉以来，鸿胪司掌朝廷礼仪，茶笼以此为名，礼仪的含义便在其中了；碎茶的木槌称为“木侍制”，茶碾叫作“金法曹”，罗合称作“罗枢密”，茶磨称“石转运”，连擦拭器具的手巾都起了个高雅的官衔，叫作“司职方”；宋代全套茶具则以“茶亚圣”卢仝名字命名，叫作“大玉川先生”。且不论这些名称所表达的礼制规范是保守还是进步，其中的文化内涵可略窥一斑。可见，中国古代茶具不是为繁复而繁复，主要是表达一定思想观念。

【承上启下的元代茶具】

从某种意义上说，无论是茶叶加工，还是饮茶方法，抑或是茶具的使用，元代均是上承唐、宋，下启明、清的一个过渡时期。元代统治中国不足百年，在茶文化发展史上，找不到一本茶事专著，但仍可以从诗词、书画中搜寻到一些有关茶具的踪影。

元代钧窑天青釉瓷盖罐

元代茶盏釉色由黑色开始向白色过渡。汤瓶仍为主要的茶具，但外形发生了变化，瓶的腹部仍保持修长形状，但重心下移。“流子”的设计方面变化较大，已由唐宋时期与壶口平齐，改为置于腹部，壶嘴长而曲，这和腹有承重点成正比，形制于秀美中显庄重。为便于倒水，壶嘴向外倾斜，由于过长易损坏，故在壶嘴与颈之间连以“S”形饰物。

元代有用点茶法饮茶的，但更多是用沸水直接冲泡散茶，这不仅可在不少元人的诗作中寻出依据，而且还可从出土的元冯道真墓壁画中找到佐证。因此，茶碾的使用逐渐减少。

【创新定型的明代茶具】

明代茶具，对比唐、宋而言，可谓是一次大的变革。明太祖朱元璋下诏废团茶，改贡叶茶，确立了叶茶的地位和饮茶方式，从而使茶具在釉色、造型、品种、使用方法等方面产生了一系列的变化。

明代以后，煮水器已与茶具区别开来，一般不作为专门的茶具看待。壶的名称也于此时出现，人们开始直接用瓷壶或紫砂壶泡茶，并渐成时尚。壶的使用弥补了茶盏中茶汤易凉、易落尘等不足。对于明代泡茶用的茶壶，明代冯可宾在《岕茶笺》中说：“茶壶，窑器为上，锡次之……茶壶以小为贵，每一客，壶一把，任其自斟自饮，方为得趣，何也？壶小则香不涣散，味不耽阁。”

紫砂羊形茶壶

明代以壶泡茶，以杯盛之，浅斟慢饮的方式广受欢迎，杯的式样亦与前不同。明代高足杯将元代接近垂直的足部改作外撇足，增加了稳定性。

明代饮用的主要是条形散茶，焙茶、贮茶器具比唐、宋时更为重要，贮茶主要用瓷或宜兴紫砂陶的茶罂。而饮茶之前，用水淋洗茶，又是明人饮茶所特有的，因此就饮茶全过程而言，当时所需的茶具有茶焙、茶笼、汤瓶、茶壶、茶盏、纸囊、茶洗、茶瓶、茶炉。

明代茶具所用材质仍以瓷器为主，但茶盏的釉色完全摒弃了宋代的黑釉，转为白色，因为白色的瓷器更能衬托出茶汤的色泽，这是茶具史上的一大转变。明代，中国瓷器高度发展，茶具不但造型美，花色、质地、釉彩、窑品高下也更为讲究，茶器向小而美、简而精的方向发展。壶、碗留下众多珍品，如明代宜德宝石红、青花、成化青花、斗彩等皆为上乘茶具。壶的造型也千姿百态，有提梁式、把手式、长身、扁身等各种形状；图案则以花鸟居多，人物山水也各呈异彩。

总的说来，与前代相比，明代有创新的茶具当推小茶壶，有改进的是茶盏，它们都由陶或瓷烧制而成。在这一时期，江西景德镇的白瓷茶具和青花瓷茶具、江苏宜兴的紫砂茶具获得了极大的发展，无论是色泽和造型，还是品种和式样，都进入了致力于工巧的新时期。从明代至今，人们使用的茶具品种基本没有多大变革，仅在茶具式样或质地上有所变化。

【异彩纷呈的清代茶具】

清代，茶类有了很大的发展，除绿茶外，又出现了红茶、乌龙茶、白茶、黑茶和黄茶，形成了六大茶类。这些茶的形状仍属条形散茶，所以，无论哪种茶类，饮用仍然沿袭明代的直接冲泡法。在这种情况下，清代的茶具无论是种类和式样，基本上没有突破明人规范。

清代的茶盏、茶壶，通常多以陶或瓷制作，所产茶具釉色较前期丰富，品种多样，有青花、粉彩及各种彩色釉，以“景瓷宜陶”最为出色。锡制茶壶也是当时广受欢迎的茶具，仅次于窑器，其优点在于不易磕裂或碰碎。此外，福州的脱胎漆茶具、四川的竹编茶具、海南的生物（如椰子、贝壳等）茶具也开始出现，使清代茶具异彩纷呈。饮茶用杯，无论是釉色、纹饰，还是器型，都有进一步的发展。

清代矾红开光御题诗文壶

在款式繁多的清代茶具中，首见于康熙年间的盖碗，可以代替茶壶泡茶，可谓当时饮茶器具的一大改进，并沿用至今。此时的茶具中，还有壶、若干小杯以及茶盘配套组合使用，壶、杯、盘绘以相应的纹饰，独具韵味。

清代瓷茶具的精品多由江西景德镇生产，除青花瓷、五彩瓷茶具外，还创制了粉彩、珐琅彩茶具。而此时江苏宜兴紫砂陶茶具，在继承传统的同时，也有新发展。康熙年间宜陶名家陈鸣远制作的梅干壶、束柴三友壶、包袱壶、番瓜壶等，集雕塑、装饰于一体，情韵生动，匠心独运；嘉庆年间的杨彭年以及道光、咸丰年间的邵大亨制作的两类紫砂茶壶也名噪一时，前者以精巧取胜，后者以浑朴见长。

特别值得一提的是当时任溧阳县令、“西泠八家”之一的陈曼生，传说他设计了新颖的“十八壶式”，由杨彭年、杨风年兄妹制作，待泥坯半干时，再由陈曼生用竹刀在壶上镌刻文字或书画。这种工匠制作、文人设计的“曼生壶”，为宜兴紫砂茶壶开创了新风，增添了文化气息。

乾隆、嘉庆年间，宜兴紫砂还推出了以红、绿、白等不同石质粉末施釉烧制的粉彩茶壶，使传统砂壶制作工艺又有新突破。

【精良多样的现代茶具】

现代茶具，式样更新，名目更多，做工更精，质量也更佳。在这众多质地的茶具中，贵的有金银、玛瑙、玉石、水晶茶具，廉的如陶瓷、竹木、玻璃、搪瓷茶具，此外还有用大理石、漆器等制作的茶具，不胜枚举。

总之，茶具的发展完全是随着茶艺形式和茶文化思想的演进而发展的，不同时期，有其特殊的饮茶形式，也就由此产生与其相适应的饮茶器具。可以说，茶具的发展和演化进程，正是中国茶艺发展进程的真实写照。

茶具的种类

【竹木茶具】

竹木质器皿应该说是人类使用较早的器皿，在上古时期初有茶事的时候，竹木质器皿是作为餐饮的通用器皿出现的，所以应该算是最早的茶具品种了。在茶具规范化之后，竹木茶具也并不少见。唐代陆羽在《茶经·四之器》中开列的二十几种茶具，多数是用竹木制作的。

木质茶具，取材方便，制作简单，对茶无污染，对人体又无害，但不能长时间使用，无法长久保存。到了清代，四川出现了一种竹编茶具，主要品种有茶杯、茶盅、茶托、茶壶、茶盘等，多为成套制作。

竹编茶具由内胎和外套组成，内胎多为陶瓷类饮茶器具，外套用精选慈竹，经劈、启、揉、匀等多道工序，制成精细如发的柔软竹丝，经烤色、染色，再按茶具内胎形状、大小编织嵌合，使之成为整体如一的茶具。这种茶具，能保护内胎，减少损坏，且泡茶后不易烫手；同

紫砂竹编

时，它色调和谐，美观大方，是一种工艺品，富有艺术欣赏价值。因此，多数人购置竹编茶具，不在其用，而重在摆设和收藏。

【金属茶具】

金、银、铜、锡等金属制作的茶具，在茶具发展过程中曾经是很重要的一个种类。

最早的金属茶具应该是青铜器皿。铁器出现以前，青铜器皿是人们烹煮食物的主要用具，而当时的茶以烹煮羹饮的形式出现，必然会用到青铜的煮鼎。秦汉时期，皇宫贵族开始使用金碗、银瓶等专用金属茶具。

铁器出现之后，很快进入了人们的日常生活。由于铁器造价较青铜、金、银低廉，推广容易，于是，茶具中铁制品多起来，铁制的炉、鼎、釜等被广泛使用。

唐代宫廷中所用茶具为显示其高贵，多用金银制成。1987年，陕西省扶风县法门寺地宫中发现了唐僖宗李儇所用的金银茶具十二件，由此可见一斑。

金属茶具并不适合饮茶之用，尤其是金银茶具完全是为了显示身份和地位。随着人们对茶艺的精研和茶性的认识，金属茶具已经逐渐被人们放弃了，现在我们使用的茶具中，只有极少的一些金属品种，如锡质茶罐等。

【陶器茶具】

陶器茶具自唐宋开始逐渐代替古老的金属茶具。陶器茶具中首推宜兴紫砂茶具，它在北宋初期崛起（但有确切文字记载的紫砂茶具则出现于明代正德年间），成为独树一帜的优秀茶具，明、清大为流行。据说，北宋大诗人苏轼好饮茶，在江苏宜兴独山讲学时，为便于外出时烹茶，找人烧制了自己设计的提梁式紫砂壶，以试茶审味，后人称其为“东坡壶”或“提梁壶”。苏轼诗云：“银瓶泻油浮蚁酒，紫碗铺粟盘龙茶”，就是诗人对紫砂茶具极为赏识的表达。

紫砂茶具和一般的陶器不同，里外都不敷釉，采用特殊陶土，即紫泥、红泥、团山泥抟制焙烧而成。成品赤如红枫、紫如葡萄、赭如墨菊、黄如柑橙，绚丽多彩，变幻莫测。紫砂茶具造型数以千计，“方非一式，圆无一相”，工艺精湛，色泽淳朴。巧匠名家在壶体上用钢刀代笔，雕刻上花鸟山水、金石书法，使紫砂壶成为一种集文学、书法、绘画、雕塑、金石、造型于一体的艺术品。品茗之余兼赏艺术，给人以知识的启迪和美的享受。

目前我国的紫砂茶具主要产于江苏宜兴，与其毗邻的浙江长兴亦有生产。

【瓷器茶具】

瓷器是我国的又一项伟大发明，它的出现大大丰富了人们日常生活中容器的种类。

瓷器指用瓷土烧制的器具。人们通常所说的陶瓷则是指用陶土和瓷土这两种不同性质的黏土为原料，经过配料、成型、干燥、焙烧等工艺流程制成的器物的统称。

瓷器发明于商周时代，因其坚固耐用，洁净美观，不易腐蚀，远比金、银、铜、玉、漆器造价低廉，且原料丰富，因而发展迅速，很快代替了陶质、金属和漆制器皿，成为人们生活中不可缺少的组成部分。

瓷器茶具又可分为白瓷茶具、青瓷茶具、黑瓷茶具、青花茶具、釉上彩瓷茶具。

【漆器茶具】

漆器是我国先人的创造发明之一。它采割天然漆树的液汁进行炼制，再掺进所需色料，涂在器物上制成。漆器是我国历史悠久的传统工艺品，其造型和纹饰图案具有浓厚的民族风格。古代的漆器还只是素漆，且大多是实用之物，如日常用

品、竹木家具等。

殷商时期，碗、盒、盘、豆等经过艺术加工的漆器已有很多。

汉代高档漆器被视为富贵的象征，这时的漆器器皿包括笥、碗、勺、杯、尊、壶等，其中有相当部分是被用作茶具的。

隋唐时期漆器中最常见的

是贮存茶饼的漆盒。

宋代漆器茶具进一步发展，在湖北武汉附近出土的宋墓中，就发现了茶托、渣斗等漆器茶具。宋人崇尚“斗茶”，“斗茶”所用茶碗以黑色为好，所以宋代茶具中，除黑瓷器盏外，黑色漆碗也屡有发现，如现藏于南京博物院的江苏淮安杨庙出土的宋代黑漆花瓣形碗。

元代漆器工匠已经开始在其作品上留下名识了，如元代著名工匠杨茂所做的“剔红观瀑布图八方盘”，是用来贮存茶团的茶盘，盘上绘有侍童端茶的图案。

明清两代的漆器茶具也很多。明代永乐年间的漆器盖碗、盏托，正德年间紫砂名家时大彬的砂胎漆壶，以及清乾隆皇帝曾经赋诗吟咏过的剔红品茶盒等，都是漆器茶具中的精品。

现代茶具中仍然可以见到漆器制品，在继承传统风格的基础上又有许多创新，较为著名的有北京雕漆茶具，福州脱胎茶具，江西波阳、宜春等地生产的脱胎漆器等，均别具魅力。

【搪瓷茶具】

搪瓷茶具以坚固耐用、图案清新、轻便耐腐蚀而著称。搪瓷是以铁质为原料，内外层涂搪釉后在高温中烧制而成。搪瓷起源于古代埃及，以后传入欧洲，但现在广泛使用的铸铁搪瓷则始于19世纪初的德国与奥地利。

搪瓷工艺大约是在元代传入我国。明代景泰年间（公元1450—1456年），我国创制了珐琅镶嵌工艺品景泰蓝搪瓷茶具。清代乾隆年间（公元1736—1795年），景泰蓝搪瓷从宫廷流向民间，这可以说是我国搪瓷工业的肇始。

我国真正开始生产搪瓷茶具至今已有七十多年的历史，出现了种类繁多的搪瓷茶具：亮洁细腻，可与瓷器媲美的仿瓷茶杯；装饰网眼或彩色网眼，层次清晰的网眼花茶杯；轻巧精致、造型独特的鼓形茶杯和蝶形茶杯；以及艺术感较强的加彩搪瓷茶盘，都受到不少茶人的欢迎。但搪瓷茶具传热快，易烫手，甚至烫坏桌面，使用时有一定限制，一般不用于待客。

【玻璃茶具】

玻璃，古人称之为琉璃，是一种有色半透明的矿物质，可塑性很大，用它制成的茶具形态各异，质地透明，光泽夺目。

制作玻璃的配方最早是古代巴比伦人研制的，距今大约四千五百年。中世纪以后，玻璃制作技术传到了欧洲。汉时，因为有了海上交通和丝绸之路，中西文化得以交融，我国的玻璃工艺有了进一步发展。随着中外文化交流的增多，西方琉璃器皿的不断传入，我国唐代开始制作琉璃。宋时，我国独特的高铅琉璃器具问世。元明时，规模较大的琉璃作坊在山东、新疆等地出现。清康熙时，北京还开设了宫廷琉璃厂。自宋至清，虽有琉璃器件生产，但多以生产琉璃艺术品为主，只有少量茶具制品，始终没有形成琉璃茶具的规模生产。近代，随着玻璃工业的崛起，玻璃茶具很快兴起。

玻璃茶具以茶杯最为常见，用它泡茶，茶汤的色泽、

玻璃茶具

茶叶的姿色，以及茶叶在冲泡过程中的沉浮移动，都尽收眼底，因此，用来冲泡种种细嫩名优茶，最富品赏价值。但是，玻璃茶杯质脆，易破碎，而且传热速度快，易烫手，不透气，保温能力差，茶香容易散失。

茶艺泡茶用具

茶的种类繁多，其冲泡工艺各不相同，所用茶具涉及整个泡茶、冲茶、品茶的过程。这里加以总结，将茶艺泡茶用具大致分为四大类：一、冲茶器；二、附属茶器；三、煮水器；四、辅助用品。

【冲茶器】

凡是可以冲出茶来的器具，都可称之为冲茶器。依其作用不同可分六大类：大壶、工夫茶壶、盖碗、茶碗、评鉴杯、同心杯。

大壶

简言之，就是壶体积较大，容量较多。大壶自明太祖废团茶，推行散茶衍生而出，并始盛行。早期大壶是家庭必备茶具，放在客厅桌上，为家居待客奉茶之用。大壶泡茶时注意茶量需少一点，浸泡时间也不能太久。目前使用大壶一般重便利，不拘茶类。

工夫茶壶

工夫茶壶，又称小壶，相传始自明朝金沙僧。工夫茶壶不论材质、造型，还是诗词、镌刻，各个角度都有其艺术价值。根据壶把儿的拿法，可将工夫茶壶分为正把、倒把、提梁、侧把、飞天、握把六种。

盖碗

盖碗盛行于明清时期，分为碗身、碗托、碗盖三部分，整体演进过程为先有碗身，后有碗托及碗盖。盖碗又称“三才碗”。三才者，天、地、人也。茶盖在上，谓之“天”；茶托在下，谓之“地”；茶碗居中，是为“人”。一副茶具便寄寓一个小宇宙，蕴含古代哲人“天盖之，地载之，人育之”的道理。

碗盖小于碗口，为圆弧形倒扣设计，由于盖缘与碗口紧密结合，没有缝隙，既可保温，又可封住茶香。茶碗口大而敞，掀开碗盖，汤色、叶色一望便知。衬在茶碗下的碗托，主要用于隔热，也使盖碗整体造型美观雅致。

用盖碗冲茶时，水八分满即可。盖碗既可单独作为冲茶器，也可作为附属茶器使用。

茶碗

从唐宋时期开始使用茶碗，而在近代茶碗可分有流、无流，两者都是日、韩抹茶道的冲茶器，无流茶碗亦可以作为个人用茶具。

茶碗置茶量适当，分茶时搭配茶匙或汤匙使用，茶叶完全泡开后，将茶叶捞至碗边，夏天也可用冷泡法。

评鉴杯

评鉴杯乃国际用于客观评鉴茶叶的外观、香气、滋味、汤色之专用杯。

评鉴杯的容量为150毫升，取茶叶3克，冲热水（温度视茶类而定），浸泡五六分钟，等待茶汤冷却五六分钟即可评茶。

同心杯组

同心杯组是由外杯、内胆和杯盖组成的三件式泡茶用具。因加了滤心，顾名思义称为“同心杯”，方便分离茶叶与茶汤。

同心杯组的外杯材质很多，陶器、瓷器或不锈钢均可。同心杯内胆采用滤网式设计，有些与外杯材质相同，网孔较大，有些则以高密度滤网做成，用于泡饮细碎的茶叶。

【附属茶器】

置茶器

茶则：唐朝时即有的茶器，有很多形状，用来取茶、测量茶叶量及观赏茶叶。基本上功能都相同。

茶仓：短期贮存少量茶叶的罐子，大小不一，既节省空间也很美观，有的还方便携带。

理茶器

茶匙：分平匙、弯匙两种，一般两头均可使用，尖细一端为尾部，用来取茶（干用）；宽的部分为头部，用于掏茶渣（湿用）。

茶夹：夹取茶渣用，尤其提梁壶，有些角落不易掏净，需要用到。

茶炙（炙茶器）：二次烘焙茶叶之用，炙茶时翻动茶叶，均匀受热。不是所有茶都需要炙，适用于陈茶或增加品茗乐趣。

品茗器

饮杯：品茶所用的杯子。一般饮杯可分为敞口、直口、翻口、缩口四种器型。

闻香杯：通常闻香杯较饮杯高，用于保留茶香。器型与饮杯相同。

杯托、杯垫：杯托是放茶杯的小托盘，避免沾湿或烫坏桌面。杯托方便，但不吸水，杯子会黏底或容易滑动；杯垫一般为竹木或布制品，吸水性强，但不方便端茶走动。

分茶器

茶海（茶盅、公道杯）：大多形状似无柄的敞口茶壶，相传从西方奶盅演变而来。为避免茶汤浓淡不均，先将其全部倒入茶海中，然后再分至杯中。此法也可避免茶叶泡水时间太久生成苦涩味。

涤洁器

渣方：用来放置冲泡完毕的茶渣的器皿。

水方：干式泡法用来盛废水的器皿，水总量不宜超过八分满。

茶洗：放置待洗茶具或洗好茶具，可选椰壳、木等材质，碰撞声音较小。

茶巾：布制品，用来擦拭水渍，一般放在主人右边。最好准备两条茶巾，一条专门擦壶；另一条擦拭桌面或其他有水渍的地方，以求卫生。

过滤网：过滤茶汤中的茶末。

其他

茶盘、茶承：传统湿式泡法时使用茶盘，其功用为承接茶

民国粉彩瓷茶盘

壶多出来的水，装水量较多；茶承功用同茶盘，但装水量较少，所以一般都是干式泡法时使用。（湿式与干式的不同，主要在于水量的多少，干式特别重视桌面的干爽。）

盖置：泡茶时用以放置壶盖、茶盅盖的小盘子，方便卫生。

壶垫：放在壶与茶承中间，可保护壶，减少直接碰撞，但因易脏，要常更换。

养壶垫：一般湿式泡法时，用来垫高使壶不会浸到水里，以免壶身形成两种颜色或水痕。目前多干式泡法，所以较少人用养壶垫。

奉茶盘：顾名思义为奉茶用，应先放在桌上，再双手奉上茶汤。

茶巾盘：放茶巾的器具，现在较少人使用。

壶包、杯袋：装茶壶等茶具的袋子，保护茶具，方便携带。

茶棚：置放茶具的稍大器物，过去使用提篮。如今设计的茶棚内部，茶盘、奉茶盘等每个茶具都有定位，且携带方便，美观实用，家居或外出品茗皆可。

【煮水器】

煮水器的种类繁多，有不同的材质与款式。以风炉加热的陶水壶、以酒精灯加热的瓷水壶、以电加热的铝壶等都有人使用，只要在加热煮水过程中不会使水质变味即可。

【辅助用品】

茶车

用于盛放全套茶具的专用柜子，底部安有轮子，方便推动。

茶桌

泡茶时用的桌子。长约150厘米，宽约60厘米—80厘米。

茶席

指的是以茶为灵魂，以茶具为主体，在特定的茶室空间形态中，与其他艺术形式相结合，共同完成的一个有独立主题的茶道艺术组合整体。

茶凳

泡茶时的坐凳，高低应与茶车或茶桌相配。

坐垫

在桌上或地上泡茶时，用于坐、跪的柔软垫物，一般为60厘米×60厘米的方形物，或60厘米×45厘米的长方形物。

茶室用品

屏风，遮挡非泡茶区域或作装饰用；茶挂，挂在墙上营造气氛的书画艺术作品；花器，插花用的瓶、篓、篮、盆等物。

茶具的选购——妙器

【茶、器总相宜】

品茶，是一种生活享受，也是一种生活艺术。茶具，对品茶者来说，是孕育茶叶的摇篮，也是品茗泡茶过程中最能影响个人感受的焦点，因而要选择大小、质地、色泽等指标与相应茶叶适宜的茶器，方能冲泡出、品尝到醇香味浓的好茶。

茶具大小适宜

品饮绿茶类名茶或其他细嫩绿茶，茶具宜小，不宜大。茶具太大不仅浪费茶叶，而且由于开水多，载热量大，容易烫熟茶叶，影响茶汤的色、香、味。茶壶容量以200毫升为宜，茶杯容量以150毫升为宜。

茶具质地适宜

花茶，一般瓷壶冲泡，瓷杯饮用，壶的大小视人数多少而定；南方人喜欢炒青或烘青的绿茶，多用有盖瓷壶冲泡；乌龙茶宜用紫砂茶具冲泡；工夫红茶和红碎茶，一般用瓷壶或紫砂壶冲泡；品饮西湖龙井、君山银针、洞庭碧螺春等茶，选用无色透明的玻璃杯最为理想。

茶具色泽适宜

茶具色泽的选择主要是外观颜色要与茶叶相配。饮具内壁以白色为好，能真实反映茶汤色泽与明亮度。在欣赏茶艺、品评茶叶的同时，应注意同一套茶具中壶、盅、杯等的色彩搭配，船、托、盖等物的色调也要和谐，做到浑然一体。如以主茶具色泽为基准配以同色系辅助用品，则更是天衣无缝。

各种茶类适宜选配的茶具色泽大致如下：

绿茶：透色玻璃杯，应无色、无花、无盖；或白瓷、青瓷、青花瓷无盖杯。

花茶：青瓷或青花瓷盖碗、盖杯。

黄茶：奶白或黄釉瓷及黄橙色有盖壶杯具。

红茶：内挂白釉紫砂、白瓷、红釉瓷、暖色瓷的有盖壶杯具或咖啡壶具。

白茶：白瓷或黄泥炻器壶杯及内壁有色黑瓷。

乌龙茶：紫砂壶杯具，或白瓷壶杯具、盖碗、盖杯。

【主茶具的选择】

茶壶、茶船、茶盅、茶杯、杯托、盖置等所构成的主茶具，一定要符合泡、饮茶的功能要求，如果只有玲珑的造型、精美的图案和亮丽的色彩，而在其功能上有所欠缺，则只能作为摆设，失去了茶具的真正作用。因而操作简单、外形美观且方便实用是茶具最基本的条件。

茶壶

“壶为茶之父，水为茶之母，炭为茶之友”，对泡茶而言，壶是极其重要的。一把好壶不但方便冲泡，更能充分溶释出茶叶的滋味。因此，“识壶”成为“识茶”之外的第二门学问。

1.质地

茶壶的质地以瓷器、陶器最好，玻璃居中，搪瓷次之。无论何质地，均应做工细致。

将壶体置于手掌上，轻拿壶盖碰触壶身，若发出铿锵清脆的声音，表示壶的质地良好；若声音过于低沉表示导热效果不好；声音高而尖锐则是传热太快。

2.壶味

买新壶时，应注意闻壶中的味道，有少许的瓦味没有大碍，但带火烧味、油味或染料味的壶，最好不要选购。

3.精密度

壶的精密度即为壶盖和壶身的紧密程度，密合度越高越好，否则热度、香气均易消散。

测定方法：注入1/2或1/3的水，正面手压壶盖气孔，倾壶倒水，如果壶口滴水不漏，表示壶的密合度好。

4.出水

壶的出水和壶嘴的设计有关，倾壶倒尽水，壶中滴水不存为佳，壶中有残留的茶水或出水不顺畅的最好不选。

5.重心

所谓重心，即壶提起是否顺手。除与壶把的弯度粗细有关外，主要看壶把的着力点是否位于（或接近于）壶身受水时的重心。

具体测定方法：在茶壶中注入3/4的水后，将壶水平提起，慢慢倒水，顺手的就是好壶；若须用力紧握，甚至拿不稳的则不佳。

茶船

茶船除置放茶壶的垫底用具，防止茶壶烫桌、热水滴溅外，有时还作为“湿壶”“淋壶”蓄水用，观看叶底用，盛放茶渣和废水用，并可增加美感。选择时应注意其形状大小和风格。

1.形状

碗状优于盘状，而有夹层者更优于碗状。这是因为盘状茶船无法蓄盛废水，碗状可蓄，但壶的下半部浸于水中，日久会令茶壶上下部分色泽不一。有夹层的茶船，下层可以蓄废水，上层可以实现茶船的其他功能，实用且便于养壶。

2.大小

一般茶船围沿要大于壶体的最宽处。碗状、有夹层的茶船，容水量至少是茶壶容水量的两倍，但也不可过大，应与茶壶比例协调。

3.风格

茶船应与茶壶的风格一致，造型、色泽均和谐美观。泡完茶，把一些泡开的茶叶放在茶船上，或淋一潭清水，让茶叶漂浮其间，然后端出茶船请客人欣赏叶底，这是中国茶品茗过程中颇为特殊的一项。为此，茶船就要制作得形制精巧而堪把玩。

茶盅

茶盅除具均匀茶汤浓度功能外，最好还具滤渣功能。

1.形状和色彩

茶盅与壶搭配使用，故最好选择与壶呼应的盅，有时虽可用不同的造型与色彩，但须把握整体的协调感。若用壶代替盅，宜用一大一小、一高一低的两壶，以有主次之分。

2.容量

茶盅的容量一般与壶同即可，有时亦可将其容量扩大到壶的1.5至2倍，在客人多时，可泡两次或三次茶混合后供一道茶饮用。

3.滤渣

在茶盅的水嘴外加盖一片高密度的滤网，即可滤去茶汤中的细茶末。

4.断水

茶盅断水性能优劣直接影响到均分茶汤时动作是否优雅，如果发生滴水四溅的情形是极不礼貌的。茶盅不一定有盖，断水好坏全在于嘴的形状，挑选时光凭目测较为困难，注水试用即可。

茶杯

茶杯的功能是饮茶入口，要求持拿不烫手，啜饮又方便。杯的造型丰富多样，其使用感觉亦不尽相同，挑选时需遵循一般的准则。

1.杯口

杯口需平整，可倒置平板上，两指按住杯底左右旋转，若发出叩击声，则杯口不平，反之则平整。通常翻口杯比直口杯和收口杯更易于拿取，且不易烫手。

2.杯身

盏形杯不必抬头即可饮尽茶汤，直口杯抬头方可饮尽，而收口杯则须仰头才能饮尽，可根据各人喜好选择。

3.杯底

选择方法同杯口，要求平整。

4.大小

茶杯大小要与茶壶匹配，小茶壶配以容水量在20毫升至50毫升的小杯，过小或过大都不适宜，杯深不应小于2.5厘米，以便持拿；大茶壶配以容量100毫升至150毫升

的大杯，兼有品饮与解渴的双重功能。

5.色泽

杯外侧应与壶的色泽一致，为观看茶汤真实的色泽，宜选用白色内壁。有时为增加视觉效果，内壁用一些特殊的色泽也可以，如青瓷有助于绿茶茶汤“黄中带绿”的效果；牙白色瓷可使橘红色的茶汤更娇柔；紫砂和黑釉等色，虽不易观看汤色的色泽、明亮度，但可使茶汤显得更加醇厚。

6.杯数

一般成套茶具均以双数配备杯子。若一壶一杯，宜独坐品茗；一壶三杯，宜一二知己煮茶夜谈；一壶五杯，宜亲友相聚、吃茶休闲；多人宴会，可用几套壶具或泡大桶茶。在购买时，最好能买些备用的杯子，以作破损后的替补。

杯托

杯托是承载茶杯的器具，风格多样，总体要求易取、稳妥和不与杯黏合。

1.高度

托沿离桌面的高度至少为1.5厘米，以便轻巧地将杯托端起，如呈一平板状，则端取不便。因此，即使是盘式的杯托，也应有一定高度的圈足。

2.稳定度

杯托中心应呈凹形圆，大小正好与杯底圈足相吻合方能稳定，特别是光滑材料如金属制成的杯托，常在中心做出一个圈形，才能充分嵌住杯子。

3.平整度

托沿和托底均应平整，可用检测杯口方法进行检测。

盖置

盖置能够保持壶盖的清洁，并防止盖上的水滴在桌上，所以多采取托垫式盖置，且盘面大于盖子，有汇集水滴的凹槽。支撑式盖置是筒状物，只能支撑住盖子的中心部位，因此盖子也要设计成有集水功能的，使盖上的水集到中心再滴到筒内蓄积，高度以略高于杯为宜，亦可用直筒杯代之。

茶具的保养

对于陶瓷茶具、玻璃茶具或是现代工艺茶具而言，只要用后及时清洁即可；但对于紫砂茶具而言，还要注意平时的养护，尤其是紫砂茶壶。“养壶”可采用以下步骤：

第一步，泡茶。

紫砂茶壶有吸水性，经常使用能够吸附茶质，既能“韵味育香”，又能使壶身通渐形成浑朴油亮的光泽。另外，一把壶最好只泡一种茶，这样茶汤更能保持原味的鲜度与纯度。

第二步，清洁。

泡完茶后，应尽快将茶渣掏出，用清水将茶壶内外冲洗干净，阴干即可。避免使用洗碗精之类的化学品，以免产生异味或洗去光泽。对于茶壶上的花纹，可用软毛牙刷勤加清理。

第三步，擦拭。

茶壶要经常擦拭，才能焕发本身的泥质光泽。清洁后，用干净的茶巾或其他较柔细的布轻轻擦拭壶的外表面，即可增加壶的光泽度。但不要涂抹油剂，否则适得其反。

第三节　水的艺术

择水——真水

水，是茶的载体；谈茶，定要贻水。明代许次纾在《茶疏》中说："精茗蕴香，借水而发，无水不可与诒茶也。"因此，择水理所当然地成为饮茶艺术中的一个重要组成部分。"真水"是茶艺四要之一，是对泡茶用水的最高要求。

"真水"具体标准不外乎两个方面：水质和水味。水质要求清、活、轻，而水味则要求甘与冽。

"清"是相对于"浊"而言，是要求无色透明，无沉淀物——这是最基本的要求。

"活"是对"死"而言，要求水有源有流，不是静止的死水。

"轻"即"软"，软水中钙、镁等矿物质含量少，硬水反之。实验证明：软水泡茶，色香味俱佳；硬水泡茶，则茶汤改色，香味亦逊。

“甘”即“甜”，与“苦”相对。若水不甘，亦损茶味。

“洌”就是冷、寒。古人认为，寒冷的水，尤其是冰水、雪水，滋味最佳。此观点已经得到现代科学的论证，水在结晶过程中，杂质下沉，因此冰相对比较纯净；而被古人誉为“天泉”的雪水、雨水是纯软水，本来最宜泡茶，但现在空气污染严重，雪水、雨水亦受其害。

在众多水源中，首选清爽、透明度高、污染少的山泉水或溪水；再选江（河）水、湖水和井水；最后考虑净化、除氯的自来水。对于现代茶人而言，“真水”一定要清澈透明、毫无异味、酸碱适中，硬度低于25度，菌群指标符合饮用水标准，才能泡出色、香、味俱全的好茶来。

天下名泉

泡茶以泉水为最佳，陆羽在《茶经》中就已提到：“其水，用山水上。”我国泉水（山水）资源极为丰富，其中较著名的就有百余处之多，深得茶人喜爱。

【镇江金山中泠泉】

中泠泉位于江苏省镇江市金山脚下，古称南零水，又名“天下第一泉”，汲水煮茶，清香甘洌。据唐张又新著《煎茶水记》载，当时品茶专家将宜于煮茶的泉水分为七等，中泠泉名列第一，故有“天下第一泉”之称。

中泠泉被称为“天下第一泉”，还与当时提取泉水极为不易有关。据《金山志》记载：“中泠泉在金山之西，石弹山下，当波涛最险处。”苏东坡也有诗云：“中泠南畔石盘陀，古来出没随涛波”。由此可以想见，当时中泠泉于滔滔江水之下，时出时没的独特环境。到清同治年间，长江水道北移，金山与南岸相连，但中泠泉所处位置较低，仍然常淹没于长江水面之下。直至清朝末年，泉眼才完全露出地面，现在泉口地面标高4.8米。

【无锡惠山泉】

无锡惠山泉号称“天下第二泉”，唐代开凿，迄今已有

1200余年历史。张又新在《煎茶水记》中说："水分七等……惠山泉为第二。"元代大书法家赵孟頫和清代吏部员外郎王澍分别书有"天下第二泉"，刻石于泉畔，字迹苍劲有力，至今保存完整。

惠山泉分上、中、下三池。上池呈八角形，水色透明，甘醇可口，水质最佳；中池为方形，水质次之；下池最大，系长方形，水质又次之。历代王公贵族和文人雅士都视惠山泉为珍品，唐代宰相李德裕即是其中一位，据说他常令地方官吏用坛封装泉水，从镇江运到长安（今陕西西安），全程数千里。当时诗人皮日休，借杨贵妃驿递南方荔枝的故事，作了一首讽刺诗："丞相长思煮茗时，郡侯催发只忧迟。吴园去国三千里，莫笑杨妃爱荔枝。"

【苏州观音泉】

苏州观音泉为苏州虎丘胜景之一，井口一丈见方，四壁镶石。据《苏州府志》记载，茶圣陆羽晚年曾长期寓居苏州虎丘，一边著书，一边研究茶学，尤其注重水质对饮茶的影响。他发现虎丘山泉甘甜可口，遂即在虎丘山上挖筑一石井，称为"陆羽井"，又称"陆羽泉"。陆羽还用虎丘泉水栽培苏州散茶，总结出一整套适宜苏州地理环境的栽茶、采茶的办法。由于陆羽的大力倡导，"苏州人饮茶成习俗，百姓营生，种茶亦为一业"。

虎丘观音泉因水质清甘味美，继陆羽之后，被唐代另一品泉专家刘伯刍评为“天下第三泉”。

【杭州虎跑泉】

杭州虎跑泉位于西湖西南隅大慈山白鹤峰麓，在距市中心约5公里的虎跑路上。关于虎跑泉的来历，还有一段美丽的神话。

相传，唐元和年间，有个名叫“性空”的和尚游方到虎跑，见此处风景秀丽，便想建座寺院，但查无水源，深以为憾。夜里他梦见神仙相告：“南岳衡山有童子泉，当夜遣二虎迁来。”第二天，果然跑来两只老虎，刨地作穴，泉水遂涌，水味甘醇，“虎跑泉”因而得名。

虎跑泉的北面是林木茂密的群山，地下是石英砂岩，经年累月，岩石经风化作用，产生许多裂缝，地下水通过砂岩的过滤，慢慢从裂缝中涌出，经科学分析，该泉水可溶性矿物质较少，总硬度低，水质极好。

“龙井茶叶虎跑水”，被誉为西湖双绝。古往今来，凡是来杭州的游客，无不以在西子湖畔品尝虎跑甘泉之水冲泡的龙井茶为快事。

【济南趵突泉】

济南趵突泉位居当地七十二泉之首，列为全国第五泉。用此泉水煮茶，味醇色鲜，清香怡人，素有“不饮趵突水，空负济南游”之说。

趵突泉位于济南旧城西南角，是自地下石灰岩溶洞的裂缝中涌出，三泉并发，浪花四溅，声若隐雷，势如鼎沸，平均流量为1600公升／秒。北魏地理学家郦道元在《水经注》中有云：“泉源上奋，水涌若轮。”泉的西南侧有一个建筑精美的“观澜亭”，亭中立“趵突泉”“观澜”等明清石碑；泉东则有望鹤写亭、茶座等，专为游人提供趵突泉水沏成的香茗。

趵突泉

第四节　泡茶艺术

烹茶方法的演变

茶，这一古老的经济作物，经历了药用、食用的过程，最后成为人们喜爱的饮品。千年以来，茶的烹饮方法不断发展变化，大体经历了煮茶、煎茶、点茶、泡茶等几个阶段。

【源于西汉、盛于初唐的煮茶法】

煮茶法，源远流长，自汉至今，一直为人们所用。

煮茶法是指将鲜叶或干茶直接放入水中烹煮，来源于茶的食用和药用方法。从食用而来，以鲜叶加入芝麻、瓜仁、桃仁等佐料烹煮成羹粥而食，通常加盐调味；从药用而来，以鲜叶或干叶佐以姜、桂、椒、陈皮或薄荷等熬煮成汤汁饮用。

西汉王褒在《僮约》中曾讲到“烹茶尽具”“武阳买茶”“成都卖茶”的字句，可见，早在西汉，煮茶在我国四川已较普遍。

唐代制茶技术日益发展，告别“生叶煮饮”，饼茶（团茶、片茶）、散茶品种日渐增多，甚至成为馈赠佳品。喝茶时，将饼茶碾成碎末，放锅内煮滚，至味溢即可。当时还发明了用蒸青捣焙制作紧压固形绿茶，茶叶的香味和品质都有所提高。

唐代以后，煮茶法不再担当主角，只在少数民族地区流行，时至今日，藏、蒙、回、维吾尔等少数民族仍有煮饮之法。

【流行于中、晚唐的煎茶法】

煎茶法特指陆羽在《茶经》中所记录的饮茶方法，故应称“陆羽式煎茶法”，它是中、晚唐时期的主流形式，是中国茶艺的雏形，曾流传到日本、韩国、朝鲜，在历史上产生了广泛影响。

煎茶法是从抹茶的煮饮法改进而来。抹茶煮饮时茶叶中的内含物在沸水中很容易浸出，禁不住较长时间的煮熬，否则汤色、滋味、香气都会受到影响。于是，陆羽对抹茶煮饮加以改进，在水微沸时下盐，初沸时下茶末，三沸时茶便煎成。这样煎煮时间较短，煎出来的茶汤色香味俱佳。

陆羽式煎茶有两道主要程序，即烧水和煮茶。

先将水放入“鍑”（一种大锅，两侧有方形的耳，是陆羽设计的一种茶具）中烧开。到水面出现细小的水珠像鱼眼一样、“微有声”时是第一沸，随即加入适量的盐来调味。

到了锅边水泡如涌泉连珠时，为第二沸。这时舀出一瓢开水，用竹夹在锅中搅动，形成水涡，使水的沸度均匀。然后用一种叫“则”的量茶小勺，量取一“则”茶末，投入水涡中心，再加搅动。

到茶汤“势若奔涛溅沫”时，称第三沸，将原先舀出的一瓢水倒回去，使开水停沸，这时，会出现许多“沫饽”，即茶汤面上的浮沫、汤花。汤花漂浮时，茶香也就发挥得恰到好处了，这时，开始“酌茶”。

酌茶就是用瓢向茶盏分茶。酌茶的基本要领是使各碗的“沫饽”均匀。“沫饽”是茶汤的精华，不匀，茶汤滋味就不一样。茶汤与汤花均匀地分到各盏之中，嫩绿带黄的汤色上浮动着如同积雪的汤花，相映成趣，诗人品茶，兴之所至，必吟咏一番。白居易在《睡后茶兴忆杨同州》一诗中有“白瓯碗甚洁，红炉炭方炽。沫下曲尘香，花浮鱼眼沸”之句。

煎茶法将饮茶升华为艺术享受，在一道道烦琐工序之后，轻啜慢饮，沉醉于一种恬淡、忘情的境界，得到了物质与精神的双重满足，因而煎茶之法在整个唐代盛行不衰。

【盛行于两宋的点茶法】

点茶法萌芽于晚唐，从五代到北宋，越来越盛行，是中国古代茶艺的又一代表，曾传播到日本、韩国、朝鲜，对日本抹茶道有较大的影响。

点茶法源于煎茶法，各道程序比煎茶法更加精密、严格，反映出唐、宋不同的生活情趣和文化倾向。宋人点茶之前也要碾茶，具体方法与唐人煎茶如出一辙：用干净纸将饼茶包起来，捶碎，随即将碎茶倒在茶碾上，碾成细末，再放入茶罗过筛。茶末要随碾随用，时间长了，茶色就会发暗，影响茶汤品质。由于宋朝制茶工艺的发展，制茶时已将茶叶焙至熟透，所以点茶所用茶饼省略了炙烤的步骤。

点茶法只煎水而不煎茶，既然不煎茶，煎水便显得更为重要。宋人煎水，并不用大口的“鍑”，而改用水瓶之类。蔡襄在《茶水》中云：“瓶，要小者，易候汤，又点茶、注汤有准，黄金为上，人间以银、铁或瓷、石为之。”瓶的体积小，有盖，显然比“鍑”要进步，对清洁卫生、热能利用均有益处。

点茶法是不加盐的，以保持茶叶的真味，但点茶前要热盏，也就是预先用沸水烫热茶盏，宋徽宗在《大观茶论》中说：“盏惟热，则茶发耐久。”可直接在小茶盏中点茶，也可在大茶瓯中点茶，再用“杓”分到小茶盏中饮用。

盏热之后，即可将碾细、罗匀的茶末放入盏中，再注入少量瓶中沸水，将茶末调成浓膏油状，此过程叫“调膏”。

煎水、调膏之后，就可以点入沸水了。点水时要有节制，落水点要准，同时还需要“击拂”。“击拂”类似唐人煎茶中的“搅”，但动作更细致一些。具体方法是一手稳稳点入沸水，一手持“茶筅”（以老竹制成，形似小扫把的工具）徐徐搅动茶膏；水点至适量，茶汤表面有乳沫浮起时，茶便冲好了。

宋人点茶，一般在“斗茶”时进行。“斗茶”是宋代颇为盛行的饮茶方式，实际上就是茶艺比赛，通常是二三人或三五知己聚在一起，分别煎水点茶，互相评审。标准有两条：一是“色”，看茶汤色泽和均匀程度，鲜白者为胜；二是“水痕”，看茶盏内的汤花与盏内壁相接处有无水痕，水痕少者为胜。

【流传于世的泡茶法】

泡茶法是中华茶艺的又一代表形式，对日本的煎茶道、朝鲜茶礼及亚、非、欧美国家的饮茶均有影响。

泡茶法有两个来源，一为唐代“庵茶”的壶泡方式，二为宋代点茶的撮泡过程。

陆羽在《茶经·六之饮》中载：“饮有粗、散、末、饼者，乃斫、乃熬、乃炀、乃舂，贮于瓶缶之中，以汤沃焉，谓之庵茶。”即以茶置瓶或缶中，灌上沸水淹泡，称“庵茶”。“庵茶”开了后世泡茶法的先河。

明朝，紧压茶的生产被皇帝下令停止，散装茶叶得以迅速发展，并开始出现“撮泡法”。明代陈师在《茶考》中记载：“杭俗烹茶，用细茗置茶瓯，以沸汤点之，名为撮泡。”撮泡法省去了宋代点茶法中“调膏”“击拂”的步骤，将炒青的条形散茶直接放入茶杯，再用沸水沏泡。

撮泡、壶泡并存于当时，但更普遍的还是壶泡，即置茶于茶壶中，以沸水冲泡，再分到茶杯中饮用。据张源《茶录》、许次纾《茶疏》等书记载，壶泡的主要程序有备器、择水、取火、候汤、投茶、冲泡、酾茶（分茶）等。现今流行于闵、粤、台地区的“工夫茶”即是典型的壶泡法。

泡茶方法

【泡茶的一般程序】

不同的茶类有不同的冲泡方法，甚至同一种茶类的不同品质也有不同的冲泡方法。缤纷多姿的茶叶中，每种茶的特点有着本质的不同，在冲泡时一定要根据其各自的特点采取相应的方法，以发挥其本身的特质。但无论泡茶技艺如何变化，基本程序都相同，具体如下：

清具

清具时用热水冲淋茶壶，茶杯壶嘴、壶盖亦不能遗漏，然后将茶壶、茶杯外表面轻轻拭干。这样不但起到再次清洁的作用，而且还可以提高茶具温度，使茶汤品质相对稳定。

置茶

按茶壶大小，用茶匙取一定量的茶放入茶壶中。此时可观赏干茶的色泽、形状、品质。

冲泡

温润泡茶。第一遍水温润泡的茶汤一般是不饮的，而是将其淋在杯盖上或倒掉，淋时已可闻到茶叶散发出来的清香。

观茶。重新将开水冲入茶壶中，此时，除乌龙茶冲水须溢出壶口、壶嘴外，通常水以七分满为宜。边冲水边欣赏茶叶上下翻腾、舒展、沉静的过程。

敬茶

茶泡透或分好后，主人要面带笑容将茶敬送给客人。最好用茶盘托杯，如果直接用茶杯奉茶，应避免手指接触杯口。正面上茶时，右手握杯身，左手侧着平托，以示敬意；若左侧奉茶，则用左手端杯，右手做请用茶姿势；若右侧奉茶，则用右手端杯，左手做请用茶姿势。这时，作为客人可微微点头，以表谢意。

品茶

茶要细细品啜，一啄品火功，看茶的加工工艺是老火、足火、生青或有日晒味；二啜品滋味，这时应让茶汤在口腔内流动，与舌根、舌面、舌侧、舌端的味蕾充分接触，看茶味是浓烈、甘爽、醇厚，还是淡薄、苦涩、生涩；三饮品韵味，用心感受，看其是否醇和悠长。

续水

一般当已饮去2/3的茶汤时，就应续水。如果茶汤尽时再续水，续水后的茶汤就会淡而无味。通常续水两至三次即可，如果还想继续饮茶，应该掏尽茶渣，重新取茶冲泡。

【茶与水的用量】

行家评茶时通常用一种特制的白色加盖有柄的瓷杯，每杯置茶5克，冲沸水250毫升，加盖闷泡，5分钟后，开始评茶。

普通茶人泡茶大多凭经验行事，茶叶和沸水的用量也应酌情而定。茶量非多即好，而以适宜为度，甚至宁缺勿满，因为经冲泡及干茶二泡过后，叶片即膨胀至九成。

一般说来，绿茶、花茶每克茶叶以冲泡50毫升至60毫升沸水为好。通常，先冲上1/3杯沸水，少顷，再冲至七八成满即可。

茶叶与水的配比，还与茶类有关。如白毫乌龙、碧螺春等非常蓬松的茶，水放七八分满；略紧结的茶，如揉成球状的乌龙茶、条形肥大的白毫银针、纤细蓬松的绿茶等，水放1/4壶；非常密实的茶，如剑状的龙井、针状的工夫红茶、玉露眉茶、球状的珠茶、角状的碎茶、切碎的熏花香片等，水放1/5壶。

【泡茶水温的掌握】

好茶一口，香浓味郁，让人回味无穷；劣茶一杯，气淡味涩，使人败兴无趣。冷水泡茶无味，尽人皆知；过开的水泡茶，则茶汤苦涩难耐。只有水温合适，方能冲出好茶，蕴出茶香，泡出茶味。

茶叶的特质决定水温

一般来讲，根据茶叶自身的特质，大致可分为高温、中温、低温三种泡茶温度。

第一种，高温：90℃以上。

叶茶类：如水仙、冻顶乌龙等。

重揉捻的茶类：如铁观音、佛手等接近球状的茶。

重焙火的茶类：色泽较黑、较暗的茶。

陈年茶类：任何妥善储存的陈年茶。高温方能出味。

第二种，中温：80℃—90℃。

轻发酵的茶类：如文山包种茶。若焙火较重，应以高温冲泡。

芽茶类：如白毫乌龙、高级红茶、普洱等。最好现烧水冲泡，可使茶味浓厚醇和。

熏花茶：香片、包种茶、熏花。此类茶一定要加盖稍闷，以利发香。

茶叶细碎类：因茶叶切碎后接触水的面积增加，茶叶汁液溶解快，应该高温冲泡的茶类切碎后则需以中温冲泡。

第三种，低温：低于80℃。

绿茶类：如龙井、碧螺春等。冲泡时不必加盖，以免温度持久，茶汤太苦。若仍觉苦味太重，可再适当降低水温。

影响茶汤温度的因素

1.温壶与否

热水倒入常温茶壶，温度一般要降低5℃左右。所以若不实施“温壶”，水温必须提高些，或浸泡的时间延长些。

2.温润泡与否

第一次冲水后，茶叶吸收了热度与湿度，再次冲泡时可溶物释出的速度会加快。所以，若经温润泡，再次冲水浸泡的时间要缩短。

3.茶叶是否经冷藏

冷藏或冷冻后的茶叶，若未恢复常温就冲泡，应酌量提高水温、延长浸泡时间，尤其是“揉捻”后未经“干燥”即冷冻的“湿茶”。

【泡茶时间的掌握】

茶叶的浸泡时间与其粗嫩程度、用量及水温有关。一般第一道茶浸泡的时间，以3克茶叶冲泡水的比例浸泡5分钟（铁观音与发酵稍重的茶6分钟）为标准，此时茶汤中各种浸出物比例适中，汤色、滋味合宜。

揉捻成珠球状的茶叶舒展率非常大，所以第二、三道浸泡的时间应缩短，否则浓度太高而不堪入口。

细嫩茶叶，茶汁易浸出，冲泡时间可短些。粗老茶叶，茶汁不易浸出，时间应长些。

重萎凋轻发酵的白茶类，如白毫银针、白牡丹，可溶物释出缓慢，浸泡时间应延长。

【茶叶续水次数的掌握】

每次续水，茶叶中各种有效成分的浸出量不一样，茶叶冲泡第一次时，茶中的可溶性物质能浸出50%—55%；冲泡第二次时，能浸出30%左右；冲泡第三次时，能浸出约10%；冲泡第四次时，只能浸出2%—3%。所以，凡大宗红、绿茶中的条形茶及花茶，最好只冲泡两三次。但乌龙茶可连续冲泡4至6次。

红茶中的红碎茶，由于在加工时鲜叶经充分揉捻切细，只能冲泡一次。白茶中的白毫银针和黄茶中的君山银针，由于未经揉捻，是直接烘焙而成，所以只能冲泡一次，最多两次。

目前市场上常见的袋泡茶，是由红茶、绿茶、花茶或普洱茶等切细后用袋包装而成的，冲泡时，茶汁很容易浸出，所以最好只冲泡一次。

【各类茶的茶艺程序】

绿茶茶艺程序

方法：玻璃杯泡饮法。

备具：玻璃茶杯、香、香炉、白瓷茶壶、脱胎漆器茶盘、开水壶、锡茶叶罐、茶巾、茶道器，绿茶每人3克。

第一道——点香：焚香除妄念

无论古今，品茶都讲究平心静气，心无杂念。“焚香除妄念”就是通过点燃香来营造一个祥和肃穆的气氛。

第二道——洗杯：冰心去凡尘

茶，至清至洁，是天涵地育的灵物，泡茶要求所用的器皿也必须至清至洁。“冰心去凡尘”是用开水再烫一遍本来就干净的玻璃杯，使茶杯一尘不染。

第三道——凉汤：玉壶养太和

绿茶属于芽茶类，茶叶细嫩，若用滚烫的开水直接冲泡，会烫熟茶叶，且会破坏茶芽中的维生素。“玉壶养太和”是把开水壶中的水预先倒入瓷壶中养一会儿，使水温降至80℃左右。

第四道——投茶：清宫迎佳人

苏东坡有诗云：“戏作小诗君勿笑，从来佳茗似佳人。”“清宫迎佳人”就是用茶匙把茶叶投放到冰清玉洁的玻璃杯中。

第五道——润茶：甘露润莲心

上等绿茶形如莲心，因此乾隆皇帝称其为“润心莲”。“甘露润莲心”就是在冲泡前先向杯中点入少许热水，起到润茶的作用。

第六道——冲水：凤凰三点头

冲水时茶壶有节奏地三起三落，似是凤凰在向客人点头致意，同时使杯内茶叶上下翻动，杯中上下茶汤浓度均匀。水至杯总容量的七成左右即可，意为“七分茶，三分情”。

第七道——泡茶：碧玉沉清江

冲入热水后，茶先是浮在水面上，而后慢慢沉入杯底，这种现象即为“碧玉沉清江”。

第八道——奉茶：观音捧玉瓶

传说中观音捧着一个玉瓶，瓶中的甘露可消灾祛病。“奉茶”即把泡好的茶敬给客人，意为礼貌地送去祝福。

第九道——赏茶：春波展旗枪

茶汤如春波荡漾，茶芽慢慢舒展开来，尖尖的嫩芽如枪，展开的叶片似旗。一芽一叶的称为“旗枪”，一芽两叶的称“雀舌”。

第十道——闻茶：慧心悟茶香

绿茶与其他茶类不同，它的香气更加清幽淡雅，必须用心灵去感悟，才能够闻到那清醇悠远、春天般的气息。

第十一道——品茶：淡中品至味

绿茶茶汤甘鲜爽淡，只要用心去感受，便能品出天地间至清、至醇、至真、至美的韵味来。

第十二道——谢茶：自斟乐无穷

第一遍泡茶过后，可请宾客自己泡茶，从茶事活动中感受茶道，品味乐趣。

祁门工夫红茶茶艺程序

方法：工夫饮法、壶饮法、清饮法。

备具：瓷质茶壶、茶杯（以青花瓷、白瓷茶具为好）、茶荷、茶巾、茶匙、奉茶盘、热水壶及风炉（电炉或酒精炉皆可）。

第一道——赏茶：宝光初现

将红茶置于茶荷中，请来宾欣赏乌黑润泽的茶色。

第二道——沸水：清泉初沸

水壶中的泉水经加热，微沸，浮起水泡。

第三道——洗杯：温热壶盏

用初沸之水，注入瓷壶及杯中，为壶、杯升温。

第四道——投茶：王子入宫

祁门工夫红茶被誉为“王子茶”，用茶匙将茶荷中的红茶轻轻拨入壶中，此过程即为“王子入宫”。

第五道——冲水：悬壶高冲

刚才初沸的水，此时已大开到正好用于冲泡，悬壶高冲可以让茶叶在水的激荡下，充分浸润，以利于色、香、味的充分发挥。

第六道——奉茶：分杯敬客

将壶中之茶均匀地分入每一杯中，并使杯中之茶的色、味一致。

第七道——闻茶：喜闻幽香

红茶到手，先要闻香。祁门工夫红茶是世界公认的三大高香茶之一，其香气浓郁高长，还蕴藏着一股兰花之幽香。

第八道——观汤：观汤赏叶

祁门工夫红茶的汤色红艳，杯沿有一道明显的“金圈”。再观叶底，嫩软红亮。

第九道——啜饮：品味鲜爽

浅啜慢饮之。祁门工夫红茶与红碎茶浓烈的刺激性感觉有所不同，它口感鲜爽，滋味醇厚，回味绵长。

第十道——再赏余韵

一泡之后，可再冲泡第二泡茶，感悟其余韵。

第十一道——三品得趣

红茶通常可冲泡三次，每次口感各不相同，细饮慢品，徐徐体味茶之真味，方得茶之真趣。

第十二道——收杯谢客

茶艺完毕，可收杯撤盏，感谢宾客的品饮。

乌龙茶茶艺程序

乌龙茶的冲泡及品饮颇为讲究，所以也称品饮“功夫”茶。在我国，泡饮乌龙茶最为讲究的是福建和广东两地，尤其是安溪潮汕，至今仍保持着传统的冲泡和品饮方法。

品饮乌龙茶要选用上等的乌龙茶，如铁观音、武夷水仙、大红袍、东方美人等；还要配备一套专门茶具，如烧水用的电壶、茶夹、干漏勺、湿漏勺、茶盘、闻香杯、白瓷小杯，以及宜兴出的小型紫砂壶、茶海、茶巾等。

铁观音茶艺程序

方法：壶泡法。

备具：茶匙、茶斗、茶夹、茶通、炉、壶、瓯、杯以及托盘。

第一道——烹煮泉水

沏茶择水最为关键，水质不好，会直接影响茶的色、香、味。冲泡安溪铁观音，需烹煮山泉之水，水温需达到 100℃，这样才能充分体现铁观音独特的品质。

第二道——白鹤沐浴

用开水洗净茶具，不但能保持茶具温度，而且能起到消毒作用。

第三道——观音入宫

右手拿起茶斗，左手拿茶匙把铁观音拨入瓯杯，美其名曰：“观音入宫”。

第四道——悬壶高冲

提起水壶，对准瓯杯，先低后高冲入，使茶叶随着水流旋转而充分舒展。

第五道——春风拂面

左手提起瓯盖，轻轻地在瓯面上绕一圈把浮在瓯面上的泡沫刮起；然后右手提起水壶把瓯盖冲净，这叫作“春风拂面”。

第六道——瓯面酝香

沏茶后加盖，等待一两分钟，使其充分地释放出独特的香和韵。

第七道——三龙护鼎

斟茶时，用右手的拇指、中指夹住瓯杯的边沿，食指按在瓯盖的顶端，提起瓯盖，倒出茶水。

第八道——行云流水

提起瓯盖，沿托盘上边绕一圈，行云流水般把瓯底的水刮掉，防止瓯外的水滴入杯中。

第九道——观音出海

把茶水依次巡回均匀地斟入各茶杯里，斟茶时瓯应低行。

第十道——韩信点兵

瓯底的浓茶汤要一点一点均匀地滴到各茶杯里，达到浓淡均匀，香醇一致。

第十一道——敬奉香茗

双手端起茶盘，彬彬有礼地向各位嘉宾、朋友敬奉香茗。

第十二道——鉴赏汤色

品饮铁观音，首先要观赏茶汤的颜色，应清澈、金黄、明亮。

第十三道——细闻幽香

铁观音具有天然馥郁的兰花及桂花香气，芬芳四溢，令人心旷神怡。

第十四道——品啜甘霖

浇啜入口，慢送入喉，觉齿颊留香，喉底回甘。

茉莉花茶茶艺程序

方法：盖碗冲泡法。

备具：盖碗，包括茶盖、茶碗、茶船三部分。

第一道——清洗

清洁茶具的同时又代表了对来宾的尊敬。

第二道——赏茶

请大家鉴赏花和茶相映衬的美景。

第三道——置茶

用茶匙轻轻将茶叶均匀地拨入茶杯中。

第四道——冲茶

悬壶高冲。

第五道——奉茶

将冲泡好的盖碗茶奉献给来宾。

第六道——闻香

闻茉莉花茶特有的花香。

第七道——观色

看看杯中的茶汤是否清艳黄嫩。

第八道——品茗

啜一小口，在口中停留，缓缓流动，然后闭紧嘴巴用鼻腔呼气，领略花茶特有的“味轻醍醐、香薄兰芷”的花香与茶韵。

普洱茶茶艺程序

方法：盖碗冲泡法。

备具：茶盘、盖碗、紫砂壶、小茶杯。

第一道——赏具：孔雀开屏

通常选用长方形的小茶盘，上置盖碗和小茶杯，二者多用青花瓷，且花纹和大小配套，公道杯以大小相宜的紫砂壶为上。

第二道——湿茶：温壶涤器

用烧沸的水冲洗盖碗、小茶杯。

第三道——置茶：普洱入宫

用茶匙将茶置入盖碗，用茶量为5克—8克。

第四道——涤茶：游龙戏水

用现沸的开水呈45度角冲入盖碗中，使盖碗中的普洱茶随高温的水流快速翻滚。

第五道——淋壶：淋壶增温

用涤茶之水淋洗公道杯。

第六道——泡茶：翔龙行雨

用现沸开水冲泡盖碗中的泡茶，用量约150毫升。冲泡时间分别为：第一泡10秒钟，第二泡15秒钟，第三泡后，依次冲泡20秒钟。

第七道——出汤：出汤入壶

将冲泡好的普洱茶汤倒入公道壶中，出汤前要刮去浮沫。

第八道——沥汤：凤凰行礼

把盖碗中的剩余茶汤，全部滤入公道杯中。

第九道——分茶：普降甘霖

将公道壶中的茶汤分入杯中，每杯倒七分满。

第十道——敬茶：奉茶敬客

将杯放在茶托中，举杯齐眉，奉给宾客。

第十一道——品饮：寻香探色

品饮普洱茶，重在寻香探色，再啜味。

第五节　品茗艺术

品茗，即品茶。品茗艺术，是用“五品”从茶叶中发掘文化美、艺术美、工艺美和自然美。

“五品”即指调动人体的所有感觉器官用心地去品味、欣赏茶。

“耳品”——注意听主人的介绍；

“目品”——观察茶的外形、汤色等；

“鼻品”——闻茶香；

“口品”——品鉴茶汤的滋味韵味；

“心品”——对茶的欣赏从物质高度升华到文化的高度。

以品饮“碧螺春”为例：仅茶叶名称就足以让人忆古思今，联想到烟波浩渺的百里洞庭，想象出康熙皇帝御笔赐名的情景，再加上对茶的色香味的鉴赏，必定会达到神游洞庭、心驰茶乡，领悟到“洞庭无处不飞翠，碧螺春香百里醉”的意境。

人们欣赏茶叶的具体方法，可归纳为观色、闻香、辨形、品味四个环节。

【观色】

观察茶汤的颜色和茶叶的形态。

茶叶冲泡后，状态发生变化，几乎恢复到自然颜色，各类茶叶缤纷不同；汤色慢慢转深，晶莹清澈，即使同类茶叶也可能泡出不同的汤色。

饮用之前，仔细欣赏才是懂茶的表现，最忌接过茶杯就一口喝下。

【闻香】

嗅闻茶汤散发出来的香气。

茶叶的香气是由多种芳香物质综合组成的，由于种类及数量的不同而形成各种茶类的香气特征。好茶的香气是自然、纯正的，闻之沁人心脾，令人陶醉。低劣的茶叶一般香气不高，甚至混有烟焦味、青草味或其他异味。

嗅闻茶香须细心感觉、认真分辨，方能领略其内韵。

【辨形】

观察茶叶在冲泡后的形状变化。

茶经水浸泡，逐渐恢复了鲜叶的原始形状，芽叶在杯中沉浮起降，上下翻滚，鲜活动人；一些质地细嫩的名优茶，芽叶在茶汤中亭亭玉立，婀娜多姿。

【品味】

品尝茶汤的滋味。

与香气一样，茶的滋味也非常丰富。不同的茶类有不同的滋味，有的浓烈，有的清淡，有的鲜爽，有的醇厚。舌头各部位的味蕾对味道的感受各有侧重：舌尖最易为甜味所兴奋；舌的两侧前部最易感觉咸味；两侧后部易感受酸味；舌心对鲜味最敏感；舌头近根部位易辨别苦味。

品尝的具体方法是：抿一小口茶汤，不要立即下咽，使其在口腔中停留，使各部位充分感受到茶中的甜、酸、鲜、苦、涩五味，尽情享受茶汤丰富而美妙的滋味。

第三章・悟其性

茶道之道

在博大精深的中国茶文化中，茶艺与茶道是两种完全不同，却又相辅相成的概念。茶艺体现茶道，是茶道外在表现的一部分，也是宣传发展茶道的一种形式；茶道指导茶艺，是茶艺的内在理念，是茶艺的灵魂。

茶道，是茶与道的融合及升华，是一种以茶为媒的生活礼仪，也被认为是修身养性的一种方式，它通过沏茶、赏茶、饮茶，增进友谊、美心修德、学习礼法，是有益身心的一种仪式。茶道可概括为两个内容：一是备茶品饮之道，即备茶的技艺、规范和品饮方法；二是思想内涵，即通过饮茶陶冶情操、修身养性，把思想升华到富有哲理的境界。因此，茶道也可以说是在一定社会条件下，把当时所倡导的道德和行为规范寓于饮茶活动之中的一种子文化艺术。

第一节 茶道最早起源于中国

至少在唐或唐以前，我国人民就率先将茶饮作为一种修身养性之道，唐朝《封氏闻见记》中就有这样的记载：“茶道大行，王公朝士无不饮者。”这是现存文献中对茶道的最早记载。唐朝僧众皆以茶为饮，念经坐禅，清心养神。另外，当时茶宴已很流行，宾主在以茶代酒、文明高雅的社交活动中，品茗赏景，各抒胸臆。唐吕温在《三月三茶宴序》中对茶宴的优雅气氛和茶的美妙韵味，作了非常生动的描绘。

唐宋年间，人们对饮茶的环境、礼节、操作方式等饮茶程序都已十分讲究，有了一些约定俗成的规矩和仪式，如茶宴已有宫廷茶宴、寺院茶宴、文人茶宴之分。唐宋人对茶饮在修身养性中的作用也有了相当深刻的认识，宋徽宗赵佶就是一位茶饮爱好者，他认为茶的芬芳香气，能使人闲和宁静。

我国虽然最早提出了茶道的概念，也在该领域中不断实践探索，并取得了很大的成就，但遗憾的是，我国的茶道可以说是重精神而轻形式，在很长一段时期内，没有规范出具有传统意义的茶道礼仪。日本自南宋绍熙二年（公元1191年）才开始种茶、饮茶，却在日本丰臣秀吉时代（公元1536—1598年，我国明朝中后期），先于我国提出了“和、敬、清、寂”的茶道四规，并初步形成了茶道仪式。

值得自豪的是，我国的茶道并没有局限于对茶道仪式的规范，而是更加大胆地去探索茶饮有利人类健康的真谛，创造性地将茶与中药等多种天然原料有机结合，使茶饮的医疗保健作用增强，并使之获得了一个更大的发展空间，这是中国茶道最具实际价值的方面，也是茶饮千百年来一直受到人们重视和喜爱的重要魅力所在。

第二节　茶道“四谛”

中华民族具有纯真自然、朴实谦和的民族特性，饮茶也不重形式，不像日本茶道具有严格的仪式和浓厚的宗教色彩。在我国，无论茶艺方式，还是茶趣感受以及藏于内的茶品内涵，都深深蕴含着中庸、俭德、明伦、谦和的品质。

茶道将哲理、伦理、道德融入茶事活动中，使人通过品茗来修身养性、陶冶情操、品味人生、参禅悟道，得到精神上的享受和人格上的升华，从而达到饮茶的最高境界。可以说茶道是一种精神，是中国文化中的精华部分。

“武夷山茶痴”林治先生将这种精神提炼为茶道“四谛”——“和、静、怡、真”。“和”是中国茶道哲学思想的核心，是茶道的灵魂；“静”是中国茶道修习的不二法门；“怡”是中国茶道修习实践中的心灵感受；“真”是中国茶道的终极追求。

和——中国茶道哲学思想的核心

“和”是儒、佛、道三教共通的哲学理念。茶道追求的“和”源于《周易》中的“保合大和”。“保合大和”意指世间万物皆由阴阳两要素构成，阴阳协调、保全大和之元气以普利万物才是人间真道。

在儒家眼里，和是中，和是度，和是宜，和是当，和是一切恰到好处，无过亦无不及。儒家对和的诠释，在茶事活动中表现得淋漓尽致。在泡茶时，表现为“酸甜苦涩调太和，掌握迟速量适中”的中庸之美；在待客时表现为“奉茶为礼尊长者，备茶浓意表浓情”的明礼之伦；在饮茶过程中表现为“饮罢佳茗方知深，赞叹此乃草中英”的谦和之礼；在品茗的环境与心境方面表现为“普事故雅去虚华，宁静致远隐沉毅”的俭德之行。

静——中国茶道修习的必由之径

茶道，是修身养性、追寻自我之道。静，是茶道修习的

（现代）东坡煮茶图

必由途径。

老子说："至虚极，守静笃。"道家的"静"，是人们明心见性、洞察自然、反观自我、体悟道德的无上妙法，在茶道中则演化为"茶须静品"的理论实践。如宋徽宗赵佶在《大观茶论》中所言："茶之为物，……冲淡闲洁，韵高致静。"写的是境之静。清代郑板桥诗云："不风不雨正清和，翠竹亭亭好节柯。最爱晚凉佳客至，一壶新茗泡松萝。"写的是心之静。古往今来，无论羽士、高僧或儒生，不谋而合地把"静"作为茶道修习的必经大道。他们通过茶事创造一种宁静的氛围和一个空灵虚静的心境，当茶的清香静静地浸润茶人的心田和肺腑的每个角落时，茶人的心灵便在虚静中显得空明，茶人的精神便在虚静中升华净化。茶人将在虚静中与大自然融通互察，达到"天人合一"的乐天静境。

怡——中国茶道中人的身心享受

"怡"者，和悦、愉快之意。

中国茶道是雅俗共赏之道，体现于平常的日常生活之中。它不讲形式，不拘一格，突出体现了道家"自恣以适己"的随意性。不同地位、不同信仰、不同文化层次的人，都可有自己不同的茶道追求。

历史上王公贵族讲茶道，重在"茶之珍"，意在炫耀权势，夸示富贵，附庸风雅。文人学士讲茶道，重在"茶之韵”，托物寄怀，激扬文思，交朋结友。佛家讲茶道，重在“茶之德”，意在去困提神，参禅悟道，见性成佛。道家讲茶道，重在“茶之功”，意在品茗养生，保生尽年，羽化成仙。普通老百姓讲茶道，重在“茶之味”，意在去腥除腻，涤烦解渴，享受人生。总之，无论什么人，都可以在茶事活动中获得生理上的快感和精神上的畅适。

中国茶道的这种怡悦性，使它具有极广泛的群众基础，这种怡悦性也正是中国茶道区别于强调“清寂”的日本茶道的根本标志之一。

真——中国茶道的终极追求

“真”者，真理之真，真知之真。

中国茶道在进行茶事时所讲究的“真”，包括茶应是真茶、真香、真味；环境最好是真山、真水；挂的字画最好是名家名人的真迹；用的器具最好是真竹、真木、真陶、真瓷。除以上而外，还包含了对人要真心，敬客要真情，说话要真诚，心静要真闲，茶事活动的每一个环节都要认真，每一个环节都要求真。

第三节　茶道与中国传统文化

禅茶一味——茶道与佛教

佛教于公元前6世纪至公元前5世纪间创立于古印度，约在两汉之际传入我国，经魏晋南北朝的传播与发展，隋唐时进入鼎盛时期。我国的茶兴于唐，盛于宋。创立中国茶道的茶圣陆羽，自幼被智积禅师收养，在竟陵龙盖寺学文识字、习诵佛经，其后又与唐代诗僧皎然和尚结为“生相知，死相随”的缁素忘年之交。在陆羽的《自传》和《茶经》中都有对佛教的颂扬及对僧人嗜茶的记载。可以说，中国茶道从萌芽开始，就与佛教有着千丝万缕的联系，其中最好的体现便是——禅茶一味。

茶与佛教的最初关系是茶为僧人提供了饮料，而意识到这种饮料的无可代替性的僧人促进了茶叶生产的发展和制茶技术的进步，逐渐地，在茶事实践中，茶道与佛教之间找到了越来越多思想内涵方面的共同之处。

其一曰“苦”。

佛理广博精深，但以“四谛”为总纲。

释迦牟尼成佛后，第一次在鹿野苑所宣讲的佛法就是“四谛”之理，即“苦、集、灭、道”，其中以苦为首。人生有多少苦呢？佛以为，有生苦、老苦、病苦、死苦、怨憎苦、爱别苦、求不得苦等等，总而言之，凡是构成人类存在的所有物质以及人类生存过程中的所有精神因素都可以给人带来“苦恼”，参禅就是要看破生死，达到大彻大悟，求得对“苦”的解脱，即所谓“苦海无边，回头是岸”。

茶性也苦。李时珍在《本草纲目》中载：“茶苦而寒，阴中之阴，沈（沉）也，降也最能降火。火为百病，火降则上清矣。”从茶的“苦后回甘，苦中有甘”的特性中，佛家可以产生多种联想，帮助修习佛法的人在品茗时，品味人生，参破“苦谛”。

其二曰“静”。

佛教主静。佛教坐禅时的五调——调心、调身、调食、调息、调睡眠，以及佛学中的“戒、定、慧”三学都是以静为基础，可以说佛教禅宗从“静”中来。茶道“四谛”为“和、静、怡、真”，其中“静”是中国茶道修习的不二法门，茶人把“静”作为达到心斋坐忘、涤除玄鉴、澄怀味道的必由之路。

另外，静坐、静虑是历代禅师们参悟佛理的重要课程，但在静坐静虑中，人难免疲劳发困，这时候，能提神益思、去困解乏的只有茶，茶便成了禅者最好的“朋友”。

其三曰“凡”。

日本茶道宗师千利休曾说过：“须知道茶之本不过是烧水点茶。”此话一语中的，因为茶道的本质确实是从细小琐碎的平凡生活中去感悟宇宙的奥秘和人生的哲理。佛法也要求禅僧通过静虑，从平凡的小事中去领悟大道。

其四曰“放”。

人的苦恼，归根结底是因为“放不下”，所以，佛法特别强调“放下”。近代高僧虚云法师说：“修行须放下一切方能入道，否则徒劳无益。”放下一切是放什么呢？内六根、外六尘、中六识——身心世界都要放下，放下了一切，人自然轻松无比：看世界天蓝海碧，山清水秀，日丽风和，月明星朗。

品茶也强调“放”：偷得浮生半日闲，将手头的工作放下一会儿，放松一下紧绷的神经，放纵一下被囚禁的心性。演仁居士有诗最妙：

放下亦放下，何处来牵挂？

做个无事人，笑谈星月大。

天人合一——茶道与道教

道家学说为茶道注入了“天人合一”的哲学思想，树立了茶道的灵魂，灌输了崇尚自然、朴素、纯真的美学理念，还提供了尊人、贵生、养生的价值观。

【尊人】

中国茶道中，尊人的思想在表现形式上常见于对茶具的命名以及对茶的认识上。茶人们习惯于把有托盘的盖杯称为“三才杯”：杯托为“地”，杯盖为“天”，杯子为“人”，意思是天大、地大、人更大。如果连杯子、托盘、杯盖一同端起来品茗，这种拿杯方式称为“三才合一”。

【贵生】

贵生是道家为茶道注入的功利主义思想。在道家贵生、养生、乐生思想的影响下，中国茶道特别注重“茶之功”，即注重茶的保健养生、怡情养性的功能。

道家品茶不讲究太多的规矩，而是从养生的目的出发，以茶来助长功力。如马钰的一首《长思仙·茶》中写道：

一枪茶，二枪茶，休献机心名利家，无眠为作差。

无为茶，自然茶，天赐休心与道家，无眠功行加。

茶是苍天赐给道家的琼浆仙露，众多道家高人都把茶事当作告别红尘、除烦解忧的一大乐事。道教南宗五祖之一的白玉蟾的《水调歌头·咏茶》一词写得很妙：

二月一番雨，昨夜一声雷。枪旗争展，建溪春色占先魁。采取枝头雀舌，带露和烟捣碎，炼作紫金堆。碾破春无限，飞起绿尘埃。

汲新泉，烹活火，试将来，放下兔毫瓯子，滋味舌头回。唤醒青州从事，战退睡魔百万，梦不到阳台。两腋清风起，我欲上蓬莱。

【坐忘】

如何使自己在品茗时达到“一私不留、一尘不染、一妄不存”的空灵境界呢？道家也为茶道提供了入静的法门，称之为“坐忘”，即人有意识地忘记外界一切事物，甚至忘记自身形体的存在，达到与“大道”相合为一的得道境界。茶道提倡人与自然的相互沟通，融化物我之间的界限，以及“涤除玄鉴”的审美观，均可通过“坐忘”来实现。

【无已】

道家不拘名教、纯由自然、旷达逍遥的处世态度也是中国茶道的处世之道。道家所说的“无已”就是茶道中追求的“无我”。无我，并非从肉体上消灭自我，而是从精神上泯灭物我的对立，达到契合自然、心纳万物。“无我”是中国茶道对心境的最高追求，近几年来台湾海峡两岸茶人频频联合举办“无我”茶会，日本、韩国茶人也积极参与，这正是对“无我”境界的一种有益尝试。

中庸、仁礼——茶道与儒家

中国茶道思想是融合儒、道、佛诸家精华而成，但儒家思想是它的主体。表面看，中国儒、道、佛各家都有自己的茶道流派，其形式与价值取向不尽相同。佛教在茶宴中伴以孤寂青灯，明心见性；道家茗饮寻求空灵虚静，避世超尘；儒家以茶励志，沟通人际关系，积极入世。那么各家茶道意境和价值取向都是很不相同吗？其实不然。这种表面的区别确实存在，但各家茶文化精神也有一个很大的共同点，即：和谐、平静。实际上，各家均以儒家的中庸、仁礼为提携。

【中庸】

何谓“中庸”？程颐说，“不偏之为中”，意思是不偏于一方；“不易之为庸”，意思是不改变常规。“中”的意思是天下的正道，“庸”的意思是天下的定理。

关于“道”的理解，儒家与道家有一定的分歧。道家的“道”是道法自然，纯粹是客观的；儒家的“道”是“天命之谓性，率性之谓道，修道之谓教”，掺有人为的主观的成分，认为“道不可须臾离也”“可离非道也”。

孔子曰：“君子中庸，小人反中庸。君子之中庸也，君子而时中。小人之反中庸也，小人而无忌惮也。”意思是说君子的言行符合中庸，小人的作为不符合中庸；君子的言行处处都符合中庸之道，小人的作为肆无忌惮。

概而言之，儒家认为中庸是：不偏不倚，既不过分也无不足。以中和为常道，适中是事物的最佳阶段。

儒家把“中庸”思想引入中国茶道，主张在饮茶中沟通思想，创造和谐气氛，增进友情；饮茶时，可以更多地审己、自省，清醒地看待自己，认识别人；泡茶时，表现为“酸甜苦涩调太和，掌握迟速量适中”的中庸之美；在品茗的环境与心境方面表现为“普事故雅去虚华，宁静致远隐沉毅”的俭德之行。

各家茶文化精神都是以儒家的中庸为前提。清醒、达观、热情、亲和与包容，构成儒家茶道精神的欢快格调，这既是中国茶文化的主调，也是与佛教禅宗的重要区别。儒家茶道是寓教于饮，寓教于乐。在民间茶礼、茶俗中儒家的欢快精神表现得特别明显。

【仁礼】

“仁”指德性原则，“礼”指伦理规范，是儒家的思想基础。“仁”为人格完成的德性理想，“礼”则为涵养德性的伦理秩序。

在孔子的思想体系里面，“仁”和“礼”如同一个硬币的两面，相辅相成，浑然一体。如果“仁”是人之为人的本质规定的话，那么“礼”便是人在社会生活中实现其本质的唯一恰当的方式和途径。孔、孟都曾把礼比喻为出入房屋所必经的门户，只有经过礼这道门，人才能实现其人之为人的本质；或者说，只有经过礼这道门，仁才能由内在的德性转化为外在的德行。而只有当仁由内在的德性转化为外在的德行时，它才能成为一种真正完美的人格。

所谓礼，不仅是讲长幼伦序，而且有更为广阔的含义，对内而言，表示家庭、乡里、友人、兄弟之间的亲和礼让；对外而言，则表明中华民族和平、友好、谦虚的美德。中国的传统思想认为子孙后代要尊敬、孝敬父母长辈；父母长辈要爱护、关心晚辈，即我们现在讲的要“尊老爱幼”；兄弟要亲如手足，夫妻要相敬如宾，对客人和敬礼让；即使对外国人，只要不是侵略者，中国人也总是友好地以礼相待。中国茶文化“以茶表敬意”正是这种“礼”的体现。

“以茶待客”的茶礼是中国的传统习俗。有客来，奉上一杯热茶，是对客人的极大尊重；即使客人不来，也可以茶相送表示情谊。宋人《东京梦华录》载，开封人人情高谊，见外方人之被欺凌，必众来救护。或有新来外方人住京，或有京城人迁居新舍，邻里皆来献茶汤，或者请到家中去吃茶，称为“支茶”，表示友好和关照。后来南宋迁都杭州，又把这种优良传统带到新都，《梦粱录》载：“杭城人皆笃高谊……或有新搬移来居止之人，则邻人争相助事，遗献汤茶……相望茶水往来——亦睦邻之道，不可不知。”这种以茶表示和睦、敬意的“送茶”之风一直流传到现在。

在现代生活中，以茶待客，以茶交友，以茶表示深情厚谊，不仅深入每家每户，而且用于机关、团体，乃至国家礼仪。机关、工厂新年常举行茶话会，领导以茶对职工一年来的辛勤工作表示谢意；群众团体时而一聚，以茶彼此相敬；家中父母、姊妹、妻儿相聚，也将无限的亲情浓缩于一杯茶中；宾馆、饭店，客人入座，未点菜，服务员先泡上一杯茶表示欢迎；而近年来，各地纷纷举办国际、国内茶文化研讨会，不仅为茶人们交流心得、沟通信息、贸易往来创造了良好的环境，更重要的是加深了国内、国际茶人们的友谊，为世界的和平与发展做出了积极的贡献。

第四节　茶道与养生

我国是茶的故乡，以“药用”为始，早在数千年前，我国古代的医学家就将茶视为养生的佳品。如今，茶的保健功效得到世界各国医学专家的公认，目前全球有160多个国家与地区近30亿人喜欢饮茶。

古籍论茶之功

自汉代以来，很多历史古籍和古医书都有不少关于茶叶药用价值的记载和饮茶健身的论述。

《神农本草经》称“茶味苦，饮之使人益思、少卧、轻身、明目。”《神农食经》中谈到“茶茗久服，令人有力、悦志。”李时珍在《本草纲目》中写道：“茶苦而寒……最能降火……又兼解酒食之毒，使人神思闿爽，不昏不睡，此茶之功也。”

除了医学家之外，古代不少诗人、文学家因嗜茶、爱茶，在长期饮茶过程中对茶的养生功效也颇有感触。如唐代大文

学家柳宗元认为茶可“调六气而成美，挟万寿以效珍。”《广雅》中称“荆巴间采茶作饼……其饮醒酒，令人不眠。”南宋晚期的美食家林洪在《山家清供》中说：“茶即药也，煎服则去滞而化食，以汤点之，则反滞膈而损脾胃。”

茶的养生功效

茶叶中含有丰富的生物活性物质——茶多酚，这是一种天然抗氧化剂，能够清除活性氧自由基，在医药上的用途很广。除此之外，茶中还含有具有营养作用的蛋白质、氨基酸、多糖、维生素、矿物质等多达500多种成分。茶具有如下养生功效：

【解毒作用】

茶可使汞、铅等金属离子沉淀或还原，并加速其排出体外。茶中的茶多酚与蛋白质相结合，可抑制细菌和病毒的侵害，治疗生物碱中毒。茶中的咖啡碱能加速肝脏对酒精的分解，故适量饮茶可解酒，但酒后不宜大量饮用浓茶，因为酒精和咖啡碱都能使神经高度兴奋，诱发心脑血管疾病。

【降血脂作用】

茶多酚能提高机体的抗氧化能力，降低血脂，缓解血液高凝状态，增强红细胞弹性，防止血栓形成，缓解或延缓动脉粥样硬化，维护心、脑血管正常功能。

【抗癌、抑癌作用】

已有研究证明：绿茶、红茶、花茶、乌龙茶等均有抑癌作用。流行病学调查发现：具有饮茶习惯的地区或产茶区居民中胃癌死亡率低于不饮茶或非产茶区。饮茶对预防皮肤癌、肺癌、胰腺癌、肝癌等其他恶性肿瘤也有效果。

【抗衰老作用】

茶与茶提取物均能提高动物体内超氧化物歧化酶（SOD）的活力，延缓体内脂褐素形成，增强细胞功能，具有延年益寿的作用。

【消除口臭】

现代科学测定表明茶叶中含有大量的维生素C，尤其在细

嫩优质绿茶中，每100克含量在200毫克以上，多者达到400毫克—500毫克。而引起口臭的主要原因之一是人体缺少维生素C，如果一天饮用三杯优质绿茶，就基本上可以满足人体对维生素C的需求，这样，由维生素C缺乏引起的口臭也自然就消失了。另外，茶叶中所含的芳香物质有消除腥膻、溶解脂肪的功能，可抑制口腔细菌腐蚀。

饮茶的禁忌

茶可称得上养生保健最理想的饮料，但也有所禁忌。医学专家告诫我们，只有饮茶适当，才利保健养生。

所谓适当，一是指茶水浓淡适中，若过浓，会影响人体对食物中铁等矿物质的吸收，引起贫血；二是控制饮茶量，以一天20克以下为宜，过量则会加重人体肾脏的负担；三是饮茶时间不要在吃饭前后一小时以内，否则会影响人体对蛋白质和铁的吸收；四是因人而异，有些人体质特殊，不宜饮茶；五是有些茶不宜饮用。

【不宜饮茶的人】

孕妇：饮茶过多，会引起贫血，并使新生儿因母体供血不足而体重偏轻。

哺乳期妇女：茶中的咖啡因可通过乳汁进入婴儿体内，使婴儿身体痉挛、烦躁不安、无故啼哭。

贫血患者：特别是患缺铁性贫血的病人，茶中的鞣酸可使食物中的铁形成不被人体吸收的沉淀物，加重病情。

神经衰弱、甲状腺功能亢进、结核病患者：茶中咖啡因能引起基础代谢增高，使病情加剧。

胃及十二指肠溃疡患者：茶中咖啡因能刺激胃液分泌并扩大溃疡面，使胃病和溃疡加重。

肝、肾病患者：茶中咖啡因要经过肝脏、肾脏新陈代谢，对肝、肾功能不全的人来说，不利于肝、肾脏功能的恢复。

习惯性便秘患者：茶中的鞣酸具有收敛作用，会使便秘加重。

肾、尿道结石患者：茶中的鞣酸会导致结石增多。

高血压及心脏病患者：茶中的咖啡因对人体血液、血压有激发作用，饮茶过多会加快血液流动，使血压升高，甚至导致心律不齐。

【八种茶不能喝】

浓茶：浓茶中含有大量的咖啡因、茶碱等，刺激性很强，饮浓茶可导致失眠、头痛、耳鸣、眼花，不利肠胃，有的人还会产生呕吐感。

冷茶：茶宜温热而饮，冷茶有滞寒、聚痰之弊。

烫茶：茶一般都是用沸水冲泡的，但是不能在过热时饮用，否则易烫伤口腔、食管及肠胃黏膜。

霉变茶：含有大量毒素。

串味茶：有的味道证明茶是有毒的，如油漆味、樟脑味等。

焦微茶：炒制过火的茶叶，营养已经丧失，味道也不好。

久泡茶：茶叶泡得过久，可能已浸出很多对人体不利的物质。

隔夜茶：特别是变了味的茶，即使还尝不出已变味，但其中也多半滋生、繁殖了大量的细菌。

第四章・览其情

茶俗文化

茶俗是民间风俗的一种，是民族传统文化的积淀，也是人们心态的折射。茶俗以茶事活动为中心贯穿于人们的生活中，并且在传统的基础上不断演变，成为人们文化生活的一部分，内容丰富，异彩纷呈。

我国历史悠久，地大物博，民族众多，不同时期、不同地区、不同民族形成了各具特色的茶俗文化。如茶在藏族是友谊、礼敬、纯洁、吉祥的象征，武夷山地区流行着“喝擂茶”的习俗……还有许多民族自古有以茶作为婚庆礼仪或以茶为祭的习俗。

不仅我国有丰富的茶俗文化，其他许多国家在茶饮过程中结合本国风土人情，也形成了极具特色的茶趣、茶俗文化。

第一节　民俗中的茶情

陆羽煎茶

陆羽是我国乃至世界茶业界绝大多数人士公认的圣人，他身世坎坷、性情豪放，耗毕生精力编撰了我国关于茶叶的第一部巨著——《茶经》，为后人研究茶文化提供了宝贵的资料。

《茶经》中记载了陆羽独创的“陆羽煎茶法”。关于“陆羽煎茶”，民间流传着一段有趣的传说。

唐时茶风极盛，皇亲国戚、达官显贵、文人雅士、僧道方士等均以尚茶为荣，对品茶十分讲究，因而出现了一大批品饮的行家里手。

竟陵智积禅师善于品茶，不但能判断出所喝是什么茶、沏茶用的是何处水，还能说出谁是煮茶之人。这种品茶本领为时人称奇，一传十，十传百，人们把智积看成“茶仙”下凡。这个消息也传到了嗜茶的代宗皇帝耳中，代宗皇帝下旨召来了智积，决定当面试茶。

智积到达宫中，皇帝即命宫中煎茶能手，沏一碗上等茶叶，赐予智积品尝。智积谢恩后接茶在手，只啜了一下就不喝了。皇上问其缘故，智积起身摸摸长须笑答：“我所饮之茶，都是弟子陆羽亲手所煎。饮惯他煎的茶，再饮旁人煎的，就感到淡薄如水了。”

于是朝中百官连忙派人四处寻访陆羽，后来终于在浙江苕溪（今吴兴）的杼山上找到他。来到皇宫，陆羽取出自己清明前采制的茶饼，用泉水烹煎后献给皇上。皇上轻轻揭开碗盖，一阵清香迎面扑来，再看碗中茶叶淡绿清澈，啜一口香醇甘甜。皇上忙让陆羽再煎一碗，由宫女送给在御书房的智积品尝。智积端起茶，喝了一口，连叫好茶，接着一饮而尽。智积喝完茶，兴冲冲地走出书房，大声喊道：“鸿渐（陆羽的字）何在？”大家都惊呆了。

代宗十分佩服智积的品茶之功和陆羽的煎茶之技，就留陆羽在宫中供职，培养宫中茶师，但陆羽不羡荣华富贵，不久又回到苕溪，专心撰写《茶经》去了。

古镇周庄的“阿婆茶”

江南古镇周庄吃茶历史悠久，历来有吃“阿婆茶”“讲茶”，喝“喜茶”“春茶”“满月茶”等习俗，名目繁多，被称为江南水乡的“茶道”。其中尤以“阿婆茶”（阿婆指中老年妇女）最为有名，只有喝过“阿婆茶”的人才能品出水乡古镇的韵味来，民间流传有“未吃阿婆茶，不算到周庄”的俗语。周庄人吃“阿婆茶”的习俗古已有之，如今深宅大院里珍藏着的青花瓷盖茶碗、玲珑精巧的茶盅、古朴典雅的茶壶以及釉色光亮的茶盘，都是“阿婆茶”的历史见证。

在周庄，无论市镇、农村，经常可见男女老少围坐一席，杯杯清茶，碟碟茶点，边吃边谈，悠然自在，其乐无穷。这种习俗，自古迄今，称之为吃“阿婆茶”。“阿婆茶”喝茶方式颇为讲究，程序规范，气氛热烈。东道主定于某日请喝“阿婆茶”，数天前就发出邀请，筹备茶点，洗涤茶具，摆设桌椅。宾客纷至沓来，宾主相互招呼，依次就座。喝茶时，主人先上几碟腌菜、酱瓜、酥豆之类的小吃，作为佐茶菜，所以周庄人喝茶叫“吃茶”。沏茶用密封的盖碗或紫砂茶壶，放入茶叶，用少量沸水先点“茶酿”，将盖子捂上，待片刻，再冲入多量开水，表示真诚待客。客人喝“阿婆茶”至少要喝“三开”（即冲三次开水）方可离席，以示礼貌。

“阿婆茶”的流行，使许多农村中老年妇女加入行列，她们围着八仙桌，嗑嗑瓜子，喝喝茶，一边做针线，一边聊家常，其乐融融。当然，大家会轮流做东，以增进亲密无隙的姐妹情、街坊谊。

世界屋脊的“酥油茶”

西藏位于中国的西南边疆，青藏高原的西南部，地域辽阔，地势高峻，空气稀薄，气候高寒干旱，素有“世界屋脊”之称。居住在这里的藏族人民以放牧或种旱地作物为生，常年以奶、肉为主食，而酥油是他们补充营养的主要来源，用酥油调制成的茶更是每个藏族家庭中的必备之物。

酥油是把牛奶或羊奶点沸，经搅拌冷却后凝结在奶液表面的一层脂肪。在藏族人的心中，酥油是百草精华，是最滋养、最纯净的食物。

制作酥油茶时，先将砖茶或沱茶打碎，加水在壶中煎煮20至30分钟，滤去茶渣，把茶汤注入长圆形的打茶筒内；再加入适量酥油，也可以根据需要加入事先已炒熟、捣碎的核桃仁、花生米、芝麻粉、松仁之类；其次还要放上少量的食盐、鸡蛋等；接着，用木杆在圆筒内上下抽打，当打茶筒内的声音由“咣当、咣当”转为“嚓、嚓”时，美味的酥油茶就做好了。

藏族常用酥油茶待客，他们喝酥油茶，还有一套规矩。当客人被请到藏式方桌边时，主人便拿过一只木碗（或茶杯）

酥油茶

放到客人面前，接着提起酥油茶壶（现在常用保温瓶代替），摇晃几下，给客人倒上满碗酥油茶。刚倒下的酥油茶，客人不能马上喝。等主人再次提酥油茶壶站到跟前时，客人才可端起碗来，在酥油碗里轻轻地将浮在茶上的油花吹开，然后呷上一口，并说几句赞美的话。客人把碗放回桌上，主人再给添满。就这样，边喝边添；假如你不想再喝，就不要动它；假如喝了一半，不想再喝了，主人把碗添满，你就摆着；客人准备告辞时，可以连着多喝几口，但不能喝干，碗里要留点儿漂油花的茶底。这才符合藏族的习惯和礼貌。

史诗《格萨尔王传》中，有一段讲述了格萨尔率众出征、胜利归来后朝臣聚会欢庆的场面。王妃森姜珠牡一手提酒壶，一手拎茶罐，边舞边唱，向众英雄敬茶，她的唱词中包括了酥油茶的源起，打酥油茶的原料、方法及功效等。可见敬献酥油茶很早便是藏族礼仪习俗的代表方式之一。

苗族的“八宝油茶汤”

居住在鄂西、湘西、黔东北一带的苗族有喝油茶汤的习惯，之所以称为“八宝油茶汤”，是因为油茶汤中放有多种食物，与其说它是茶汤，不如说是茶食更恰当。

“八宝油茶汤”的制作比较复杂，先将玉米、黄豆、花生米、团散（一种薄米饼）、豆腐干丁、粉条等分别用菜油炸好，分装入碗中待用。接着再放适量菜油在锅中，待锅内的油冒出青烟时，放入适量茶叶和花椒翻炒，待茶叶颜色转黄发出蔗糖香时倾水入锅，再放入姜丝。水沸时，徐徐掺入少许冷水，水再沸时加入适量盐和少许大蒜、胡椒，用勺稍加搅动，随即将锅中茶汤连同作料一一舀入盛有油炸食品的碗中，美味的“八宝油茶汤”就做好了。

苗族待客敬茶时，由主妇双手托盘，盘中放几碗八宝油茶汤，每碗放上一只调匙，彬彬有礼地敬奉客人。端着八宝油茶汤，清香扑鼻；喝在口中，满嘴生香，既解渴又果腹，还有独特风味，堪称中国饮茶技艺中的一件瑰宝。

土家族的“擂茶”

在湘、鄂、川、黔的相邻山区一带，居住着许多土家族同胞，他们至今还保留着一种古老的吃茶法，即喝“擂茶”。

“擂茶”，又名“三生汤”“打油茶”，是用生叶（指从茶树上采下的新鲜生叶）、生姜和生米仁等三种生原料经混合擂碎，加水后烹煮而成的汤，故名。土家族认为“擂茶”既是充饥解渴的食物，又是提神祛邪的良药。

现今的“擂茶”，在原料的选配上已发生了较大的变化，制作“擂茶”时，通常除茶叶外，再配上炒熟的花生、芝麻、米花等；另外，还要加些生姜、食盐、胡椒粉等。将茶和多种食品，以及作料放在特制的陶制擂钵内，然后用硬木擂棍用力旋转，使各种原料混合均匀，再取出分装入碗中，用沸水冲泡，用调匙轻轻搅动几下即可。

擂茶配料

土家族称“擂茶”为“干劲儿汤”，倘若一天不喝，就会感到全身乏力、精神不爽。相传三国时，张飞带兵进攻武陵壶头山（今湖南省常德境内）时，正值酷暑，当地瘟疫蔓延。张飞部下数百将士病倒，连张飞本人也不能幸免。就在危难之际，村中一位草医郎中献出祖传“擂茶”秘方，结果茶（药）到病除。其实，茶能提神祛邪，清火明目；姜能理脾解表，去湿发汗；米仁能健脾润肺，和胃止炎。所以，说“擂茶”是治病良药，是有科学依据的。

土家族视喝“擂茶”如同吃饭一样重要，也将其作为待客饮品，奉茶同时再上几碟茶点，以清淡、香脆食品为主，诸如花生、薯片、瓜子、米花糖、炸鱼片之类，以增添喝“擂茶”的情趣。

回族的“刮碗子茶”

回族主要分布在我国的大西北，以宁夏、青海、甘肃三省最为集中，其住处多在高原沙漠，气候干旱寒冷，缺乏蔬菜，以牛羊肉、奶制品为主食，而茶则作为解腻佳品。“刮碗子茶”是他们常采用的饮茶法之一，他们认为，“刮碗子茶”喝起来次次有味，次次味不同；且能解腻生津，滋补强身，是一种甘之如饴的养生茶。

“刮碗子茶”用的茶具，俗称“三件套”，由茶碗、碗盖和碗托或盘组成，茶碗盛汤，碗盖保香，碗托防烫。喝茶时，一手提托，一手握盖，并用盖顺碗口由里向外刮几下，这样既可拨去浮在茶汤表面的泡沫，又能使茶味与配料之味相融，故名。

“刮碗子茶”用的多为普通炒青绿茶，冲泡时添加冰糖及多种干果，如苹果干、葡萄干、柿饼、桃干、红枣、桂圆干和枸杞子等，有的还要加上白菊花、芝麻之类，通常多达八种，所以也被称为“八宝茶”。

刮碗子茶用沸水冲泡，随即加盖，经5分钟后开饮。由于“刮碗子茶”中配料种类较多，且在茶汤中的浸出速度不同，因此，每次续水后喝起来的滋味也不同。第一泡以茶的滋味为主；第二泡有浓甜透香之感；从第三泡开始，各种干果的味道缓缓释出。

京韵京腔“大碗茶”

喝大碗茶的风尚，早年在汉民族居住地区随处可见，无论是大道两旁、车船码头、半路凉亭，还是车间工地、林里田间，都屡见不鲜。这种饮茶习俗在我国北方最为流行，尤其是北京的大碗茶，更是闻名遐迩。

著名的京韵大鼓唱段《前门情思大碗茶》中一段唱词写道："吃一串冰糖葫芦就算过节，他一日那三餐，窝头咸菜就着一口大碗茶。世上的饮料有千百种，也许它最廉价，可谁知道，谁知道，谁知道它醇厚的香味儿，饱含着泪花，它饱含着泪花……"唱词中对大碗茶充满了深情。如今，它已不仅是一种饮料，更成为人们情感的寄托，与冰糖葫芦、兔儿爷一样成为京俗京韵的象征。

过去，卖大碗茶的一般都是穷人，无以为业，就只能沿街卖茶。有的一个担子，一头是一个热气腾腾的、挂绿釉的龙头大瓦壶，壶身包上棉套，壶内放上茶叶末儿，沏上沸水，便成了酽酽的茶水；另一头是一个荆条篮子或者是一个大木箱，放上几个大糙碗，为了与大瓦壶的重量达到平衡，往往再压上一块大砖头，然后就挑着担沿街大声吆喝："谁喝碗儿热茶！"有的支一个茶摊，一张桌子、几张条木凳、一个大壶、若干只粗瓷大碗便可。大壶倾茶，大碗畅饮，热气腾腾，提神解渴，好生痛快，是过往客人解渴小憩的好场所。

老北京卖大碗茶风情画

如今，这种"茶摊"早已随着时代的变迁而消失，只留下

北京老舍茶馆

《前门情思大碗茶》在耳际久久回旋。

“泡”在成都茶馆

“四川茶馆甲天下，成都茶馆甲四川”。到了成都，不能不到茶馆走走，因为茶馆最能体现成都人的闲适生活，现代的气息与古朴的民风在那里交汇，形成了独特的都市风景线。

成都有句老话：“天上晴日少，眼前茶馆多。”漫步于蓉城大街小巷，高中低档的茶铺、茶楼、茶坊林立，给这个现代化都市增添了几分雅致闲适的神韵。

成都的茶馆用一个字来形容就是“俗”，不是庸俗，而是通俗，是民俗，且俗得安逸。它设有雅间，可供各类人消费，格局和气氛也不同于其他地方的茶馆。四川作家陈世松在《天下四川人》中说："北方茶馆是高方桌、长条凳、提梁壶泡茶，正襟危坐，喝得累人寡味；川东一带，喝老荫茶，一根根的长木板凳，纯属喝水解渴歇口气的，是'无茶无座'（成都人不认为老荫茶是茶）；南方的茶馆装潢华丽，待客以自制的点心为主，是'有座无茶'；成都的茶馆'有座、有茶、有趣'。"

成都茶馆的桌子椅子可谓是人体工程学的研究成果，竹制的扶手椅完全符合人的关节屈伸，又不像沙发或躺椅那样会使人昏昏欲睡，而是让你舒适地待上一整天也不疲倦。就是那古老工艺的竹椅本身，也是四川茶文化的重要组成部分。

河边的茶铺可谓领略老茶馆味道的最好去处，河水、大树、茶座、小吃一应俱全，各铺均热闹非常，悠闲、安逸的生活状态尽显无疑。

"茶博士"也是成都茶馆文化的重要组成部分。茶博士其实就是掺茶跑堂的，他们个个身怀绝技。待一桌茶客落座后，茶博士右手提着锃亮的紫铜壶，左手五指分开，夹着七八个茶碗、茶盖、茶托，一挥手，叮当连声，茶具各自就位，紫铜壶犹如赤龙吐水，一翻一盖，动作干净利落，一气呵成，桌上不洒一滴，煞是精彩。这种透着浓浓川味的茶艺表演，令人茶未入口便兴致已浓。除了一手硬功夫，茶馆伙计对茶的理解、对顾客的揣摩，也是茶馆非常重要的商业文化。举个例子，成都人喝茶有个习惯，喝茶的时候茶馆里来了熟人，得向伙计喊一嗓子："某某的茶钱我付啦！"这茶钱到底谁来付，就要看伙计的社会经验和对客人心态的观察来拿捏分寸了。

在成都的茶馆里，人们的“坐功”可以自然地增长，所以“泡”字就成了茶馆的灵魂。无论冬夏，从晨到昏，您随时都可以见到茶馆中悠闲自得的茶客。民俗中有关茶馆的词汇就是证明：“吃闲茶”是指吃早茶，一觉睡醒，不忙着刷牙、洗脸，起了床就直奔茶馆，喝壶茶润润喉、清清肺、定定神，然后回家洗漱上班；“半个旅馆”是说茶馆是草根阶层的好去处，往往下班后要上一壶茶便可以待到打烊，洗洗脚再回住处。

小小茶馆，聚三教九流之客，容南来北往之风，到此的人们没有高低贵贱之分，却有雅俗共赏之意。生意人可以在此谈生意，退休者可以在此磨时光，朋友们可以到此叙旧情，恋人们可以到此诉情怀，家人们可以到此聚乐融融。正所谓“杯里乾坤大，茶中日月长”啊。

“三才”盖碗茶是成都最先发明的，作为一种文化现象，不仅体现了巴蜀人一种特殊的生活情趣，也体现了古老巴蜀文化恒久的传统魅力。

广州的早茶文化

广州人嗜好饮茶，饮茶的历史可以追溯到清朝咸丰、同治年间。

当时，有一种馆子叫“一厘馆”，它的设备很简陋，仅置木桌板凳，供应各种糕点，门口挂一个木牌子，写着“茶话”两个字，为客人提供歇脚叙谈、吃早点的地方。后来出现了“茶居”，“居”就是“隐”，即躲起来，也是为一些有闲的人提供消磨时间的好去处，后来规模大了才改称“茶楼”。当时佛山经营茶楼的人，都买下土地建几层高的茶房，然后全栋用来经营茶事。发展到后来，茶楼逐渐变得专业起来，内容越来越丰富，场面也越来越豪华。到了今天，“早茶”已成为广州人生活的重要组成部分，也已成为广州城市特色中最为精彩的一笔。

从“一厘馆”到现在的酒店茶楼，尽管广州人“早茶”的内容和形式已经发生了翻天覆地的变化，但其本质并没有特别的变化，情趣性、休闲性、交际性和经济性始终是广州人“早茶”不变的主题，也是其广为风靡的主要原因。旧时广州的“妙奇香”茶楼有一副对联：“为名忙，为利忙，忙里偷闲，饮杯茶去；劳心苦，劳力苦，苦中作乐，拿壶酒来”，说的无疑就是这种感觉，它准确形象地描绘出了“早茶”的理念及意境。

广州人所说的“早茶”，实际上指的是上茶楼饮茶，不仅饮茶，还要吃点心，叉烧包、水晶包、水笼肉包、虾仁小笼包、蟹粉小笼包，凤爪、牛肉、肚片，加上各类干蒸的烧卖、酥饼，还有鸡粥、牛肉粥、鱼片粥、猪肠粉、虾仁粉、云吞面等都是传统的粤式茶点。广州的茶楼建筑规模宏大，富丽堂皇，是茶馆所不能比拟的。因此，广州人聚朋会友，洽谈生意，消遣休闲，都乐于上茶楼。一壶浓茶，几盘点心，边饮边聊，边吃边谈，既填饱了肚子、联络了感情，又交流了信息，甚至谈成了一桩生意，实在是一件惬意的事情。正因为如此，广州人把饮茶又称“叹茶”。“叹”是广州的俗语，为享受之意。嗜“早茶”、爱“叹茶”也正是广州茶楼业历久不衰的一个重要原因。

广州人饮茶礼仪并没有特别的讲究，唯独在主人给客人斟茶时，客人要用食指和中指轻叩桌面，以示谢意。据说，这一习俗来源于乾隆下江南的典故。

相传乾隆皇帝到江南视察时，曾多次微服私访。有一天，他来到一家茶馆，兴之所至，竟给随行的仆从斟起茶来。按皇宫规矩，仆从是要跪受赏赐的。但为了不暴露乾隆的身份，仆从灵机一动，将食指和中指弯曲，做成屈膝的姿势，轻叩桌面，以代替下跪。后来，这个消息传开，便逐渐演化成了饮茶时的一种礼仪，至今在岭南及东南亚的华侨中依然十分流行。

除了早茶，广州人也饮午茶和晚茶，闲暇时还会在家里饮“工夫茶”，而饮凉茶更是广州人的一个生活习惯。“凉茶”就是把药性寒凉、能清解内热的中草药煎水作为饮料，饮之以清除夏季人体内的暑热之气。广州的凉茶历史悠久，如王老吉凉茶就形成于清嘉庆年间（1796—1820），由于它清热解毒、消炎去暑的功效显著，历来为广州人所推崇。另外，还有石歧凉茶、金银菊五花茶、龟苓膏、生鱼葛菜汤等也都是广州人喜爱的传统凉茶。

第二节　异域茶香

英国的茶文化

英国茶，一种英式情调

如果你发冷，茶会使你温暖；

如果你发热，茶会使你凉快；

如果你抑郁，茶会使你欢快；

如果你激动，茶会使你平静。

——威廉·格拉德斯（英国前首相）

在中国茶向西方各国传播过程中，许多国家只得到了茶叶，而英国却真正形成了一种文化——英国红茶文化。历史上从未种过一片茶叶的英国人，用舶来品创造了自己独特华美的品饮方式，以内涵丰富、形式优雅的“英式下午茶”享誉天下。

茶是在17世纪通过荷兰引进到英国的，而且品种是来自中国福建的绿茶。当时的茶价高如天价，一般是当作养生保健品来贩售，就连中上阶层都很少有人能买得起，皇宫中的饮品仍然以酒类为主。真正让茶进入英国人日常生活的契机则是1662年，嗜喝茶的葡萄牙公主凯萨琳嫁给查理二世时开始的。凯萨琳不但将东方的茶叶带入宫中，更让茶从此取代酒而成了宫中最受欢迎的饮品。此时，“喝茶”还是上流社会的专属享受。后来红茶在伦敦的咖啡屋、红茶庭园开始流行。咖啡屋是名流聚集、饮茶交友的场所；红茶庭园则出现于伦敦郊区，大多数英国人借此才开始接触红茶。18世纪中期以后，拜生产技术进步之赐，茶才真正进入英国民间，成为普遍且不可或缺的日常饮品。

【现代英国人与茶】

茶是现代英国人生活中必不可少的饮品。起床后，丰盛的早餐佐以一壶香浓的红茶，才算是最完美的享受；到了上午 11 点（相当于亚洲的上午 10 点钟），无论你是赋闲在家的贵族，还是繁忙的上班族，都要休息片刻，喝一杯茶，他们称之为“便餐”；午餐之后，少不了要配上一杯奶茶，除乏解困；下午 3 点半至 4 点左右还要来一杯下午茶，而且总要配上点心，一般的家庭主妇都很擅长做这类糕点；正式的晚餐中更少不了茶，茶香四溢，开胃生津。

英国人最重视5点左右的下午茶。那时，随处可见惬意品茶的英国人，伴着舒缓的音乐，一种雅致、贵族味十足的英式情调显露无遗。

【下午茶的来历】

英国人的下午茶开始于19世纪的维多利亚时代。那时皇家常举行晚宴，简单的午餐过后，贵族们需要十分耐心地等待晚宴的开始。

英式下午茶

有一天，贝德芙公爵的夫人安娜玛丽亚女士在等待晚宴开始、百无聊赖时，便让侍女下午 5 点在她的起居室准备一杯茶以及一两片奶油面包。安娜玛丽亚感觉这样的下午茶相当不错。后来，她开始邀请朋友们加入她的下午茶会。女士们闲话家常，聊些流行服饰，以及名人丑闻等。逐渐，这种饮下午茶的方式流行于整个宫廷，成了一种崭新的社交方式。

如今，英国下午茶已俨然形成一种优雅自在的“英国红茶文化”。

日本茶，静心修行的支柱

茶道是一种宗教仪节，它崇拜的对象是一些具有美感的事物，这些事物并非存在于浩瀚的天地宇宙间，而是存在于日常生活的琐碎事物上。

——冈仓天心（茶道家）

日本的茶道艺术来源于中国，但具有强烈的本民族特色。它与宗教、哲学、伦理、美学自然地融为一体，成为日本一门综合性的文化艺术活动。

日本茶道中的茶又称为“WABI”，WABI翻译成汉语为“侘”。WABI的意思是清寂、恬静，它已成为日本人欣赏美的主流意识。

这种美意识的产生有其社会历史原因和思想根源：平安末期至镰仓时代（7世纪末到12世纪初），日本社会局势动荡，原占统治地位的贵族落马，新兴的武士阶级走上政治舞台。失去权势的贵族感到世事无常而悲观厌世，因此佛教净土宗应运而生。失意的僧人把当时社会看成秽土，号召人们“厌离秽土，欣求净土”。在这种思想影响下，很多贵族避居山林，在深山野外建造草庵，过着隐逸的生活。

到了室町时代（15世纪），随着商业经济的发展，竞争日趋激烈，城市奢华喧嚣。不少人厌弃这种生活，追求“WABI”的心态，也开始过上隐居的生活。他们经常邀来几个朋友，坐在幽寂的茶室里，边品茶边闲谈，不问世事，无牵无挂，修身养性，净化心灵，享受古朴的田园生活乐趣，寻求心灵上的安逸。

而后，“品茶的开山鼻祖”——田村珠光把这种美意识引进茶道中来，并制定了第一部品茶法，使品茶从游艺变成了茶道，“清寂”之美得以广泛的传播。这一时期，日本的禅宗思想渐渐与茶道融合。

室町末期，有“茶道天下第一人”之称的千利休提出“茶禅一味”之说。“茶即禅”，主张人们通过茶道实践以达到宗教意义上的身心修炼的目的。此观点被视为茶道的真谛所在。可以说，“禅”在日本培养了武士道，也孕育了茶道。日本人以禅林茶礼为主体，形成了艺术性的茶道文化。

16世纪末，千利休继承吸纳了田村珠光等人的茶道精神，将其浓缩为四个字，即“和、敬、清、寂”。“和”指的是和谐、和悦；“敬”指的是纯洁、诚实，主客间互敬互爱；“清”和“寂”则分别是指茶室内外清静、典雅的环境和氛围。

茶道的目的已不是为了饮茶止渴，也不是为了鉴别茶质的优劣，而是通过复杂的程序和仪式，达到追求幽静、陶冶情操的目的，并逐步培养人的审美观和道德观念。

【日本的茶道礼仪】

日本茶道发展到今天已有一套固定的规则和一个复杂的程序与仪式。不但要求动作规范，还要求室外环境幽雅，室内的布局与装饰也有讲究。

按照茶道传统，宾客应邀进入茶室时，主人应跪坐门前表示欢迎，从推门、跪坐、鞠躬，以至寒暄都有规定礼仪。进屋后，主人在茶屋准备茶具，客人可欣赏茶室内的陈设布置。待主人备齐所有茶道器具时，水也将要煮沸了，宾客们入座，茶道仪式正式开始。

主人沏茶前先用茶巾将茶具擦拭干净，再开始烹茶。先打开绸巾擦茶具、茶勺；用开水温热茶碗，倒掉水，再擦干茶碗；再用竹刷子拌沫茶，并斟入茶碗冲茶。茶碗小而精致，一

日本茶道表演

般使用黑色陶器，日本人认为幽暗的色彩有朴素、清寂之美。

主人献茶前先上点心，以解茶的苦涩味，然后献茶。献茶的礼仪很讲究：主人跪着，轻轻将茶碗转两下，将碗上花纹图案对着客人，客人双手接过茶碗，轻轻转上两圈，将碗上花纹图案对着主人，并将茶碗举至额头，表示还礼。然后分三次喝完，即三转茶碗轻啜慢品。饮茶时嘴中要发出啧啧响声，表示对茶的赞扬。饮毕，客人要讲一些吉利的话，特别要赞美茶具的精美、环境布局的优雅以及感谢主人的款待。这一切完成后，茶道结束。

在茶道的最高礼遇中，献茶前请客人吃丰盛美味的“怀石料理”，即用鱼、蔬菜、海草、竹荀等精制的菜肴。

一次茶道仪式的时间一般在两小时左右。

印度茶，舔饮拉茶

"Chai，Chai garam（奶茶，热奶茶）"，你从梦中醒来，眼睛未及完全睁开，便叫住小弟，为自己要了一杯。茶装在土色的陶杯里，散发着奶香。你慢慢地喝完，环顾四周，此时的二等车厢里，几乎人手一杯茶，车窗外正闪过半池红莲、一群圣牛。

这是一位游客对颇具异国情趣的印度沏茶的独特感受。

我国的茶，沿着古代的丝绸之路传到印度。印度最早栽培茶树的地区是在西北部的阿萨姆（Assam）。到1860年，阿萨姆地区至少已有五十家茶园。20世纪初，印度茶叶产量已超过我国，2001年为85.37万吨，2002年为82.61万吨。如今，印度已成为世界第一大茶叶生产国。

印度大吉岭是世界上最有名的茶叶产地，尽管只有150多年的栽培史，其产量已占到印度总产量的25%。最好的头摘茶在国际市场上能卖到1公斤220美元，不过全世界每年销售的六万吨大吉岭茶中，真正出自大吉岭的只有一万两千吨。大吉岭茶香气独特优雅，被称为"茶中香槟"。

【印度拉茶】

印度生产的茶叶中有60%出口，剩下的40%在本国内部销售。茶叶在印度已不是一般的消费品，而是生活必需品。

印度人饮用的茶称为“Chai”，发音源自我国粤语的茶，翻译成中文是奶茶的意思。印度人饮用的茶按中国茶的分类，当属发酵型的红茶，与中国传统红茶不同，他们的红茶在加工时将茶叶切碎，饮用时加奶或糖。

奶茶本身也有贵贱之分：贵的称为Masala Chai，也叫“香料印度茶”，里面放入了新鲜牛奶和用豆蔻、茴香、肉桂、丁香、胡椒等多种香料调制的马萨拉（Masala），是王公贵族们的最爱；贱的就只有单纯的奶和茶，顶多加点生姜或豆蔻调调味，是贩夫走卒们每日必不可少的饮料。

由于气候不同，制作奶茶的方式也不同，南、北方饮用的奶茶分别称为“拉茶”和“煮茶”。

拉茶的制作方法是：先把水烧热，加入红茶和姜烧开，再加入牛奶烧开，最后放入马萨拉调料。为什么称之为“拉茶”呢？是因为茶在冲泡时要用两个杯子，将牛奶和酽茶倒来倒去，在空中拉出一道棕色弧线，制造出丰富的泡沫。印度人相信这样有助于将牛奶完美地混合于茶中，释出浓郁的奶香与淡淡的茶香。

北方的煮茶则简单很多，将牛奶倒入锅中，煮沸后加入红茶，再以小火煮数分钟，加糖、过滤、装杯。

南北方制作奶茶的工具也不同，拉茶多用一口装满沸腾牛奶的大锅和一个装煮好酽茶的大铜壶，铜壶带龙头，常画上一只竖眼和三道杠，象征主神湿婆，有时还装饰着鲜艳的茉莉花串；煮茶则简单得多，一个煤油炉加一口小铝锅，哪里都能开张。

拉茶常见于印度南部、新加坡、印度尼西亚和马来西亚，煮茶则遍布南亚和东南亚的大部分地区，我国西藏的甜茶也属煮茶。

印度人的喝茶方式也很有特点，他们把茶斟在盘子里舔饮，可谓别具一格。

土耳其，“叹茶”成风

“到土耳其没喝过苹果茶，就如同没到过土耳其一样。”“叹茶”的说法来源于我国的广东，是享受饮茶之意。

广东历史上对“喝茶”曾经有几种不同的称谓，一个“叹”字，真真说尽了那种安闲舒散的姿态。处于欧亚之间的土耳其，也是一个“嗜茶”成风、喜欢“叹茶”的民族。人们一面喝茶嗑瓜子，一面与友人闲聊，谈天说地、悠闲“叹”茶的情景随处可见。

【土耳其的茶文化】

早在数百年前，茶就随着丝绸之路远行到了欧洲。土耳其，地处亚洲小亚细亚和欧洲巴尔干岛东南，作为丝绸之路的终点，完整地保留了一套属于自己的茶文化。在这里，茶被土耳其人叫作cha，很像中文茶的发音。

茶是土耳其人民生活的必需品，晨起刷牙前要先喝杯茶。在全国，无论是大中城市，或是小城镇，到处都有茶馆，甚至点心店、小吃店也兼卖茶。有意思的是，凡在城市工作的人，只吹一吹口哨，附近茶馆的服务员，便手托一个精致的茶盘，给你送上一杯热茶。所以，城市里不但茶馆星罗棋布，而且到处都可以看到串街走巷、挨门挨户送茶的服务员。至于车船码头，还有专门卖茶的人，叫卖兜售热茶给过往客人。在机关、公司、厂矿，有专人负责煮茶、卖茶和送茶。在学校教师办公室里，还专门安有一个电铃，教师若要喝茶，只要一按电铃，就会有专人提着茶盘和杯子，将茶送去。就连学生，在课间也可去学校专门开设的茶室里喝茶。总之，茶已渗透到土耳其的每个角落、各个阶层，成为土耳其一道颇具特色的生活景观。

一杯茶，不仅有着提神的功用，还代表着土耳其人的热情。在土耳其任何一间商店，只要有顾客光临，无论生意做成与否，总是先来一杯“甜茶”款待，以示尊敬。在土耳其，“叹茶”及“以茶待客”早已蔚然成风。

摩洛哥，独爱中国绿茶

“宁可一日无食，不可一日无茶。”

茶由中国通过丝绸之路传入阿拉伯国家，又来到北非摩洛哥。如今，摩洛哥饮茶之风相当盛行，而且讲究排场，可以说已成为摩洛哥文化的一部分。

“摩洛哥”在阿拉伯文中为“遥远西方”之意。古代阿拉伯人征服北非，西至今摩洛哥时受阻于大西洋，以为此地便是西方的最遥远的边界，故称之。摩洛哥的人口 80%都是阿拉伯

薄荷茶

人，他们信奉穆斯林教，从不饮酒，其他饮料亦较少，所以，茶成了生活中不可或缺的饮料。在这里，饮茶对于人们生活的重要性仅次于吃饭而居第二位！

摩洛哥虽盛行饮茶之道，却并不产茶，全国两千多万人口每年消费的茶叶均需进口，百分之九十五来自遥远的中国。“中国绿茶”与每一个摩洛哥人的生活息息相关。